Ragnar Kinzelbach

Tierbilder aus dem ersten Jahrhundert

W
DE
G

Archiv für Papyrusforschung
und verwandte Gebiete

Begründet von

Ulrich Wilcken

Herausgegeben von

Jean-Luc Fournet Bärbel Kramer
Wolfgang Luppe Herwig Maehler
Brian McGing Günter Poethke
Fabian Reiter Sebastian Richter

Beiheft 28

Walter de Gruyter · Berlin · New York

Tierbilder aus dem ersten Jahrhundert

Ein zoologischer Kommentar zum Artemidor-Papyrus

von

Ragnar Kinzelbach

Walter de Gruyter · Berlin · New York

∞ Gedruckt auf säurefreiem Papier,
das die US-ANSI-Norm über Haltbarkeit erfüllt.

ISBN 978-3-11-022580-8
ISSN 1868-9337

Bibliografische Information der Deutschen Nationalbibliothek

Die Deutsche Nationalbibliothek verzeichnet diese Publikation in der Deutschen Nationalbibliografie; detaillierte bibliografische Daten sind im Internet über http://dnb.d-nb.de abrufbar.

Printed in Germany
Einbandentwurf: Christopher Schneider, Laufen
Druck und buchbinderische Verarbeitung: Hubert & Co. GmbH & Co. KG, Göttingen

Bärbel Kramer zugeeignet

Anordnung der Tiere **V09–V17** auf dem Artemidor-Papyrus

Inhaltsverzeichnis

1. Einleitung

Der Artemidor-Papyrus wurde erstmals 2008 vollständig veröffentlicht in der hervorragenden Bearbeitung von Claudio Gallazzi, Bärbel Kramer und Salvatore Settis: Il Papiro di Artemidoro. Milano (LED). Sie ist die Grundlage für die hier vorgelegte Kommentierung der Tierbilder auf dem Verso des Papyrus. Diese soll weitere Bearbeitungen anregen, um das weitgehend stagnierende Feld der zoologischen Interpretation von Texten und Bildern aus der Antike vom Alten Ägypten über Hellenismus und Rom bis zum frühen Byzanz in Bewegung zu bringen.

Der Artemidor-Papyrus erfuhr im Vorfeld öffentliche Aufmerksamkeit durch die Hypothese vor allem des Klassischen Philologen Luciano Canfora, Bari, der in ihm ein Produkt des bekannten Fälschers Konstantinos Simonidis von Symi (ca. 1820–1890) sah. Eine Fülle von Einzelheiten, auch bei den nachstehend bearbeiteten Tierbildern, setzt jedoch ein Wissen voraus, das einem neuzeitlichen Fälscher bis *dato* unmöglich zur Verfügung stehen konnte.

Erst in jüngster Zeit entsteht wieder ein gesellschaftliches Bewusstsein für die Bedeutung der Tierwelt im Ökosystem und für den Menschen. Die Vor- und Frühgeschichte der Menschheit war dagegen vom Tier materiell und geistig absolut beherrscht. Auch noch in der Antike dominieren Tiere in Wirtschaft, Kunst, Mythos und Wissenschaft mit einer Selbstverständlichkeit, die es selten angebracht erscheinen ließ, über sie genauer zu berichten. Dann erst rissen Traditionen ab, besonders mit der Ausbreitung der Buchreligionen im europäisch-vorderasiatischen Kulturraum, die zum Tier ein vergleichsweise sprödes, utilitaristisches Verhältnis entwickelten.

Daher setzt sich unsere wissenschaftliche Kenntnis über das Tier in der Antike überwiegend aus Fragmenten zusammen. Die prächtige Bilderwelt der Gemälde und Mosaiken möge nicht darüber hinwegtäuschen, dass die Bestimmung der biologischen Art oft fragwürdig ist und dass fast alle genauen Angaben über Lebensort und Lebenszeit der real existierenden Bildvorlagen fehlen (vgl. Andreae 2003, Balty 1995). Es mangelt an Datensätzen, bestehend aus Tier-Art, Zeit, Ort und ggf. weiterer Information wie Verwendung, Besitzer, Wert usw. Erst die Fortschritte der Archäozoologie unter Verwendung genetischer und physikalischer Methoden zur Fein-Identifikation von Taxa und zur genaueren Zeitbestimmung füllen zunehmend Lücken.

So ist jede neue Quelle willkommen, auch die Tierbilder des Artemidor-Papyrus. Ihre Neubearbeitung strebt eine möglichst eindeutige Zuweisung der dargestellten Arten zu zoologischen Taxa auf dem Artniveau an. Nur die Identifikation der Fortpflanzungsgemeinschaft Art (Species) bietet eine hinreichende Präzision der mit ihr verknüpften „spezifischen" Eigenschaften (Struktur, Verhalten, Ökologie, Verbreitung), die es ermöglicht, zu weiterführenden naturwissenschaftlichen Aussagen zu gelangen. Eine nur grobe Determination wie z. B. Taube, Adler, Ente, Maus, Elefant (für diesen vgl. **V16**) usw. ist ggf. im Bereich der Kunst- und Kulturgeschichte, der Mythologie und Symbolik nützlich; für naturwissenschaftliche Aussagen ist sie wertlos.

Ein Forschungsziel ist die Gewinnung von artspezifischen Daten über die Dynamik der Verbreitungsgebiete. Dazu zählen Schwankungen in der Siedlungsdichte, Verschiebungen in der Phänologie, aber auch Domestikation, Nutzung, Handel und andere Möglichkeiten der Koevolution von Tier und Mensch. Ein Weg zur erweiterten Auswertung ist die Erstellung historischer Verbreitungskarten mit Zeitschnitten in Kombination mit Material aus anderen Quellen. Ein anderer sind Zeitreihen für das Vorkommen einzelner Arten in einem bestimmten Raum durch die belegbare Geschichte. Für beides kann hier durch die Erarbeitung zuverlässiger Daten aus dem Artemidor-Papyrus ein weiterer Mosaikstein bereitgestellt werden. Derart wird ein Mehrwert erreicht.

Absicht ist daher nicht, die unentbehrliche Arbeit der Kunst- und Kulturgeschichte fortzusetzen oder gar in Frage zu stellen, sondern neue Aspekte und Gesichtspunkte zur Deutung und Einordnung der isolierten Tierzeichnungen des Artemidor-Papyrus zu gewinnen und damit dessen Interpretation zu detaillieren. Die Leserin, der Leser möge am Ende entscheiden, ob dies gelungen ist.

Es zeigt sich, dass mit dieser Vorgehensweise die Tierbilder des Artemidor-Papyrus da und dort eine Schlüsselstellung gewinnen. Aus der Auswahl der Tiere, der Art ihrer Darstellung und ihrer Benennung fällt auch Licht auf die Person des Zeichners, der hier der Kürze halber „*Zographos anonymos*" genannt werden soll. Vielleicht gelingt eines Tages seine Identifikation mit einem der bereits bekannten Künstler Alexandrias.

2. Der Artemidor-Papyrus

Herkunft und Beschaffenheit des Artemidor-Papyrus als Quelle sind ausführlich in Gallazzi, Kramer & Settis (2008) beschrieben. Hier wird nur eine stichwortartige Zusammenfassung gegeben. Die Papyrusrolle trägt nach derzeitiger Kenntnis drei aus unterschiedlichen Perioden seiner Nutzung stammende Informationseinheiten, was die Herausgeber zu der trefflichen Formulierung von den „Drei Leben" („le tre vite") veranlasste (Galazzi & Settis 2006). Diese gehen wahrscheinlich auf verschiedene Bearbeiter (Schreiber bzw. Zeichner) zurück. Für ihre jeweilige Datierung gibt es Vorschläge für die ersten Jahrzehnte nach Christi Geburt. Meines Erachtens darf keine zu große zeitliche Streuung angenommen werden. Spätestens um 100 n. Chr. gelangte die Rolle mit anderen Papyri aus Alexandria als „Altpapier" nilaufwärts in ein Bestattungsinstitut, wo sie zu Pappmaché als Stopfmaterial für eine Mumie verarbeitet wurde. Nach der Datierung eines Teils der auf dem Verso (abgekürzt **V**) dargestellten Tiere (vgl. **V31** und Kapitel 5.4) ist für dieses als *terminus post quem* das Jahr 20 v. Chr. anzunehmen. Die Buchstabenformen des literarischen Textes auf dem Recto entsprechen nach Reiter (2008: 13) einem Beispiel aus der Kanzlei der Kleopatra vom Jahre 33 v. Chr., was ebenfalls eine eher frühere Datierung (vgl. Kapitel 5.9) als bisher angenommen unterstützen würde.

Den Anfang macht ein Text auf dem Recto in griechischer Sprache, der dem Namengeber des Papyrus, dem im 2.–1. Jahrhundert v. Chr. lebenden Artemidoros aus Ephesos (Efes, Selcuk) zugeschrieben werden konnte. Sein Eigenname ist eine spezielle Version des allgemeinen Namens Theodoros (Gottesgeschenk), bezogen auf die weithin verehrte Artemis von Ephesos („Diana der Epheser", vgl. Apostelgeschichte 19, 24 f.). Artemidor war ein Geograph, der das ganze Mittelmeergebiet und sogar den Atlantik bereiste. Vor 104 v. Chr. verfasste er eine Erdbeschreibung in elf Büchern, die „Geographoumena", deren zweites Spanien behandelte. Das auf dem Papyrus erhaltene Textfragment gehört zu diesem zweiten Buch. Es zeichnet sich durch eine in den Text eingeschobene Landkartenskizze aus, deren genaue Interpretation noch diskutiert wird.

Obwohl Artemidor weithin bekannt war und besonders für seine genauen Entfernungsangaben von späteren Autoren bis in die byzantinische Zeit gelobt und zitiert wurde, ist kein kohärentes Exemplar seines Hauptwerks erhalten. Dies ist nicht ungewöhnlich, denn nur etwa 1% der Literatur dieser Zeit ist auf Papyrus oder durch Abschrift in mittelalterlichen Codices überliefert. In Alexandria, dem Entstehungsort der vorliegenden Abschrift, griff kaum ein Menschenalter zuvor im Jahre 48 v. Chr. ein von Caesar im Bürgerkrieg gelegter Brand auf einen unbekannten Teil einer Bibliothek über, vielleicht ein Lager von zum Export bestimmtem Roh-Papyrus (Canfora 2002: 77–78). Zu Verlusten führte häufig Desinteresse: Erschien ein Buch nicht mehr nützlich oder interessant, wurde es nicht erneut abgeschrieben, zerfiel mehr oder weniger rasch oder geriet ins Altpapier. Manche Texte fielen Konkurrenten zum Opfer, die nicht selten nach Abschrift für ihr eigenes Werk das Original vernichteten, ohne es als Quelle zu zitieren. Schließlich spielte in den ersten Jahrhunderten des Christentums die Vernichtung von für heidnisch oder häretisch erklärten Texten eine unheilvolle Rolle. Auch der Medienwechsel von der Papyrusrolle zum Papyruskodex, die Übertragung in Pergamentkodizes und die Umschrift von Majuskeln in Minuskeln führte zu einem Überlieferungsbruch.

Die zweite Nutzung erfolgte etwas später auf dem Verso des Papyrus. Hier finden sich, unter Verwendung organischer Tinte gefertigt, 41 Zeichnungen von sehr verschiedenartigen realen und mythischen Tieren. Viele von ihnen sind durch spärliche griechische Beischriften benannt. Die teilweise durch Beschädigung unvollständigen Zeichnungen sind zwar erkennbar aus einem Guss, zeigen jedoch zunächst keine sinnvolle inhaltliche Gemeinsamkeit oder Anordnung. Einer kurzen „Überschrift" des Zeichners zu Folge werden in bunter Mischung „Tiere, die den Ozean bewohnen, und Vögel und Vierfüßer und Wale" dargestellt (**V30**). Letztere, weder den Fischen noch den landlebenden Vierfüßern zugerechnet, sind offensichtlich für den Zeichner von besonderer Bedeutung und öffnen eine Pforte zu seiner Person (vgl. Kapitel 5.6, 5.7).

Eine dritte, ein wenig später zu datierende Informationseinheit auf dem Recto des Papyrus, besteht aus Nachzeichnungen oder Zeichenstudien zu Werken der Bildhauerei. Durch Einwirkung von Feuchtigkeit auf den fertigen, zusammengerollten Papyrus sind gespiegelte Abdrücke der Vorderseite auf dem Verso entstanden wie u. a. der spiegelbildliche Abdruck einer Hand auf der Abbildung der Nilgans (**V07**).

Die Geschichte des Papyrus ist im Einzelnen Gallazzi, Kramer & Settis (2008) zu entnehmen. Im 20. Jahrhundert wurde er aus der Sammlung Sayid Khâshaba Pasha nach Europa verkauft. Im Jahre 1971 erwarb ihn der Antiquitätenhändler Serop Simonian. Die Papyri wurden 1980 in Stuttgart aus dem Pappmaché-Bündel herausgelöst und restauriert, der Text 1998 von den späteren Bearbeitern identifiziert und in seiner Bedeutung erkannt (Gallazzi & Kramer 1998). Die restaurierte Rolle ist 2,50 m breit und 32,5 cm hoch. Das Ende ist verloren, in der Mitte tritt eine Lücke auf. Im Jahre 2004 erfolgte der Erwerb durch die Fondazione per l'Arte della Compagnia di San Paolo (Turin). Ausstellungen des Papyrus erfolgten 2006 in Turin, 2008 zusammen mit der Präsentation der *editio princeps* auf der Berliner Museumsinsel und im selben Jahr in München.

3. Die Tierzeichnungen des Verso: Ziele und Methoden

3.1 Identifikation von Arten

Auf die Notwendigkeit der Artidentifikation ist schon hingewiesen worden. Sie wird bei der Diskussion der einzelnen Arten noch deutlicher. Die Methode der Determination wird nachstehend kurz erläutert, um nachvollziehbar zu machen, wie nach dem Prinzip der gegenseitigen Erhellung aller Informationsstränge eine größtmögliche Zuverlässigkeit erreicht werden kann. Absolute Sicherheit gibt es bei einem solchen Material nicht. Auch in der heutigen Zoologie ist taxonomische Zuordnung alles andere als trivial.

3.2 Das Schliemannsche Prinzip

Alles wird zunächst „wörtlich" genommen. Es darf keine Interpretation im Vorfeld stattfinden, welche den Abbildungen von vornherein mythologische Bedeutung, religiöse oder astrologische Signale unterstellt. Die spezifische Qualität der Zeichnungen darf nicht, entgegen dem ersten Eindruck, als kunstlos oder schlampig gelten. Das Material hatte genau in der vorliegenden Form eine spezielle Verwendung und Bedeutung. Die Motive haben einen historisch einmaligen Ursprung. Für jedes Bild stellt, wenngleich von Fall zu Fall für uns mehr oder weniger unkenntlich, ein reales Tier die Vorlage. Es mag verfremdet sein durch die Absicht der Verwendung, das Können des Zeichners, den zeitgenössischen Stil und durch die Anzahl der Glieder einer ggf. zugrunde liegenden Traditionskette. Insofern ist eine zoologische Realität in jedem Falle vorhanden, muss jedoch aus dem Kontext herausgeschält werden.

3.3 Erklärung aus sich selbst

Die in Gallazzi, Kramer & Settis (2008) überreich angebotenen Vergleichswerke stammen ganz überwiegend aus späterer Zeit. Sie leiten sich im Falle näherer Übereinstimmung im Idealfall „genealogisch" von den Zeichnungen des Artemidor-Papyrus ab, weit wahrscheinlicher jedoch von Abbildungen in dessen unmittelbarer Vorläuferschaft bzw. seinem Umfeld. Sie sind nur seitenverwandt. Daher wird auf sie nur in Einzelfällen zurückgegriffen (z. B. **V16**).

Das zoologische Taxon Art wird definiert durch sein Genom, seine stammesgeschichtliche Stellung und durch die daraus resultierenden strukturellen, physiologischen, biologischen, ethologischen und Areal-Eigenschaften des Phänotyps.

Dieses Gesamtmuster ermöglicht i. d. R. die Identifikation und die Zuordnung zu einer derzeit anerkannten binominalen Benennung. Zur Deutung müssen alle in Frage kommenden Arten bekannt sein, mit ihren biologischen und ökologischen Eigenschaften bzw. Ansprüchen. Denn in schwierigen Fällen kann nur eine *determinatio per exclusionem* durchgeführt werden. Diese setzt eine gute Kenntnis der gegenwärtigen Fauna voraus. Rückschlüsse aus der Gegenwart bzw. rückwärtige Extrapolation reichen jedoch nicht aus. Umwelt, Häufigkeit und Verbreitungsgebiete der Tierarten haben sich geändert. Das Interesse der Menschen am Tier war früher zwar größer; die Möglichkeiten, Kenntnis über exotische Tiere zu erlangen, waren jedoch andere und weit geringer als heute, was zu deren hoher Wertschätzung führte.

Daher muss alle wesentliche Information über die Arten und ihr Umfeld aus der Zeit der Entstehung des Papyrus hinzugezogen werden. Sie ist übrigens, trotz ihres o. g. fragmentarischen Charakters, erstaunlich reichhaltig und detailliert und führte zu einem entscheidenden Durchbruch, nämlich zum Verständnis des Konzepts der Tierzeichnungen des Zographos.

Andererseits verwirrt die Masse der bisherigen Deutungsversuche, einschließlich der schon aus der Antike stammenden. Dies kann am „myrmex“ (vgl. **V22**) exemplifiziert werden. Im Vordergrund muss daher eine Erklärung aus dem Bild selbst stehen: Hätte der Zographos beim Helmkasuar (**V07**) nicht die entscheidenden Federkiele eingezeichnet oder beim Fangschreckenkrebs (**V26**) nicht die charakteristische Verzweigung der Antennen angegeben, wäre eine Deutung wahrscheinlich missraten.

Eine einzelne Nachricht über ein richtig determiniertes Tier ist, nach Abgleich mit anderen Quellen, möglicherweise ohne besonderes Gewicht, z. B. das Vorkommen von Leoparden in Ägypten und im ganzen ostmediterranen Raum. Sie bestätigt Bekanntes. Wird allerdings, wie hier beim „myrmex“, das Bild einer gefleckten Großkatze als Gepard interpretiert, eröffnet sich eine große Zahl neuer Verknüpfungen unter Erweiterung unseres Wissensstandes (**V22**). Auch für weitere Arten bereichert der Artemidor-Papyrus unsere Kenntnis ihrer natürlichen oder anthropogenen Ausbreitungsdynamik, z. B. Höckerschwan, Helmkasuar, Marabu.

3.4 Beziehung zwischen Text und Bild

Text und Abbildungen stellen unabhängige Informationsstränge dar, die in einer oft komplizierten Beziehung zueinander stehen. Angestrebt ist, sie zur Deckung zu bringen. Die Zeichnungen auf dem Verso des Artemidor-Papyrus stehen in ihrer Verbindung von Tierbild und Benennung in der frühen ptolemäischen Tradition des Nilmosaiks von Praeneste (bzw. seinen Vorbildern) und des Bildfrieses von Marissa im 2. Jh. v. Chr. Er war wahrscheinlich ein Musterbuch für ähnliche Darstellungen größeren Formats (vgl. Kapitel 5.5).

Eine einzelne Bildnachricht kann jedoch auch ein ungewöhnliches Vorkommen ohne Parallele nahe legen. Ein gutes Beispiel ist der „stymphalis“ (**V07**). Die zugehörige, sehr klare Zeichnung macht es von vornherein schwer, sich von einer

Deutung als Helmkasuar zu lösen. Dessen Auftreten in Alexandria war allerdings zur Zeit des Zographos äußerst unwahrscheinlich. Aber auch alle Versuche, für Alternativen unter den Ibis-, Storch- oder Reiher-Arten fündig zu werden, mussten verworfen werden. Vom Überwiegen der afrikanischen Fauna her bot sich an, trotz Unstimmigkeiten den Kronenkranich zu erkennen, der in prähistorischer Zeit noch in Nubien vorkam und auch später potenziell von Expeditionen mitgebracht und in Alexandria gehalten werden konnte.

Zieht man allerdings den Namen „stymphalis“ hinzu, ist sofort wieder der Kasuar im Spiel. Er allein trägt, auf der Zeichnung deutlich erkennbar, die drei bis fünf langen, harten Federschäfte an seinen rudimentären Flügeln, die eine in der antiken Sagenwelt bewanderte Zuschauerschaft sofort an die „ehernen“ Pfeile aus den Flügeln der Stymphalischen Vögel denken ließ. Also doch ein Helmkasuar. Wahrscheinlich war auch er Bestandteil der Menagerie, welche die indische Gesandtschaft des Jahres 20 v. Chr. in Alexandria zur Schau stellte (vgl. Kapitel 5.4). Er hat erst wieder am Ende des 16. Jahrhundert in gewisser Anzahl die langen Transportwege aus Ostindien nach Holland lebendig überstanden (Kinzelbach & Hölzinger 2000).

3.5 Text: Nomenklatur

Zur Deutung der Tiernamen ist zunächst eine Trennung von Etymon (Form) und Bedeutung (Inhalt) erforderlich. Beide gehen in der Überlieferungsgeschichte verschiedene Wege. Ein Tiernamen wurde im Laufe der Zeit häufig für mehrere zoologische Taxa verwendet (z. B. durch Fehler bei der Zuordnung, Fehlbestimmung des Objekts, regionale Variabilität, Austausch zwischen Dialekten und Schriftsprache, Verschiebung der Bedeutung).

So konnte in der frühen Neuzeit in Mitteleuropa ein „Brachvogel“ sowohl Vertreter der Gattung *Numenius* (Brachvogel im heutigen Sinne), der Gattung *Burhinus* (Triel), der Gattung *Anas* (Schnatterente), der Gattung *Saxicola* (Braunkehlchen) und der Gattung *Oenanthe* (Steinschmätzer) sein (Springer & Kinzelbach 2008). Der Seehase „lagoós“ (**V05**) kann eine Schnecke und ein Kugelfisch sein, ein „saûros“ sowohl eine Echse als auch eine ähnlich kriechende Robbe (**V39**). Der im Artemidor-Papyrus für den Karakal verwendete Name „kastor“ wird seit Aristoteles (hist. an. 594b31) für den Biber *Castor fiber* (wahrscheinlich „glänzend braun“, vielleicht nicht-griechisch) verwendet. Hier ist er allerdings als Homonym für ein Katzentier zu verstehen (vgl. catus, gattos) (**V06**). Ebenso bezeichnet „myrmex“, wie schon Leitner (1972) definitiv richtig feststellte, zwei ganz verschiedene Tiere, nämlich eine Ameise und ein Säugetier. Schon die Antike hatte Schwierigkeiten, sich der suggestiven Kraft der gleichen Benennung zu entziehen, was zu den bekannten unsinnigen Fabeln führte (**V22**).

Umgekehrt kann der begriffliche Inhalt, ein zoologisch definiertes Taxon, zeitlich und regional wechselnd, auch irrtümlich, mehrere bis viele Namen als Etikett tragen. Berühmt dafür ist der Wachtelkönig *Crex crex* mit fast 50 deutschen Synonymen. Auch manche Fische bringen es auf 20 deutsche Namen. Der

Artemidor-Papyrus gibt das Beispiel Karakal mit den Synonymen Kastor und Lynx (**V06**).

Das Etymon ist durch Lautgruppen gegeben, die eine schriftliche Umsetzung erfahren können. Zwischen dem gesprochenen Wort und seiner „Orthographie" kommt es zu Wechselprozessen. Das mündliche oder schriftliche Etymon erfährt sprachgeschichtliche Veränderungen, Wanderungen, Umbildungen als Lehnwort. Ziel der Forschung ist die Klärung der Bedeutung, z. B. Farbe oder andere Eigenschaft des Trägers; lautmalend nach dem Ruf wie bei Kuckuck *Cuculus canorus* und Pirol *Oriolus oriolus* nach der Herkunft und der Verwendung. Seine ursprüngliche Bedeutung lässt ggf. Rückschluss auf einen ursprünglichen Träger zu. So kann sich das griechische, von Plinius verwendete „phalacrocórax" („Kahlkopf") (nat. hist. X 68) nur auf den dieses Merkmal tragenden Waldrapp *Geronticus eremita* und auf gar keinen Fall auf den später mit diesem Etymon belegten Kormoran *Phalacrocorax carbo* bezogen haben, wie dies von Linnaeus (1758) festgeschrieben wurde (Springer & Kinzelbach 2008).

Der spärliche Text auf dem Verso des Artemidor-Papyrus besteht nur aus griechischen Tiernamen. Sie entstammen teils der gelehrten Tradition im Umfeld des Aristoteles, teils der Volkssprache. Einzelheiten sind in den Kommentaren zur Artenliste zu finden. Die Namen stimmen auf den ersten Blick nicht immer mit den Zeichnungen überein. Es werden bisher unbekannte Tiernamen für bekannte Tiere vorgefunden, die zu einer Bereicherung unserer Kenntnis führen (**V12, V28, V32, V37, V39**). Andererseits findet sich für bisher namenlose Tiere erstmals eine Bezeichnung (**V13, V23**). Im Artemidor-Papyrus gibt es zuweilen ein glückliches *tertium comparationis*, z. B. das „Gerstenkorn" oder die „Eichel" beim Höckerschwan (**V12** „aigilops"); dazu auch die starken Federschäfte beim Helmkasuar (**V07** „stymphalis") oder der Rabe bei dem schwarzen Haubenhahn (**V13** „korakos").

Einige bisher aus anderem Zusammenhang bekannte Namen werden auf scheinbar nicht dazu passende Zeichnungen bezogen, dabei auch gängige, inhaltlich gut belegte Tiernamen (**V09, V10**). Parallelen zeigte Thompson (1936) auf. Solche Unsicherheiten entstehen *ex errore*, im Sinne einer Fehlbestimmung oder durch die Konstruktion von Mischwesen. Genaue Kenntnis der Tiere war damals wie heute wenig verbreitet, und die Zuordnung endete oft auf der Ebene der biologischen Gattung (genus); die Vergabe zuverlässiger Artnamen (species) ist selten.

Hinsichtlich der zoologischen Nomenklatur muss dringend auf folgenden Sachverhalt hingewiesen werden. Die meisten antiken Tiernamen, besonders für Fische und Vögel, sind trotz zahlloser, oft sehr irreführender Versuche zoologisch nicht exakt gedeutet. Die von Carl v. Linné (Carolus Linnaeus, 1758: Systema naturae, X. ed. Holmiae – die Grundlage für die moderne, wissenschaftliche Nomenklatur der Tiere) gebrauchten, latinisierten Doppelnamen (oft griechischer Herkunft) beziehen sich, angesichts des damals geringen Standes der Forschung, von Anfang an nur zufällig auf die in der Antike mit dem gleichen Namen belegten Objekte. Der moderne Gattungsname des Hechts (*Esox*) z. B. bezeichnete in der Antike den Lachs (*Salmo salar*), der wissenschaftliche Name des Welses (*Silurus*) meinte in der Antike zumindest *partim* den Stör (*Acipenser sturio*), der moderne Gattungsname des Herings (*Clupea*) bezog sich in der Antike auf das spezielle Flussneunauge *Lethenteron zanandreai* aus dem Flusse Padus (Po). Selbst der allgemein bekannte Pelikan (*Pelecanus* sp.) erhielt erst sehr spät in der Antike diesen seinen heutigen Namen. Die Gattung *Uranoscopus* umfasst heute einen kleinen, unbedeutenden Fisch; das Wort bezeichnet im Artemidor-Papyrus (**V20**) den Pottwal. Es ist daher nicht legitim, moderne zoologische Namen zur Identifikation in der Antike gebrauchter Tiernamen heranzuziehen. Im Gegensatz dazu besteht in Folge des pharmakologischen Interesses für die Pflanzen eine besser gesicherte, oft durchgehende Tradition.

3.6 Bild: die Zeichnungen

Uns liegt eine (An-)Sammlung von Zeichnungen im Sinne einer Mustersammlung vor. Die Tiere sind weder nach Taxa (Fische, Vögel usw.) noch nach Lebensräumen oder Heimatländern sortiert. Die Größenverhältnisse sind nicht stimmig. Die dargestellten Arten sind bis auf wenige, nur zufällige Ausnahmen im Kontext der Astronomie oder Astrologie, bedeutungslos (vgl. Adornato 2008). Gemeinsamkeiten als Symbolträger (vgl. Micunco 2008) sind nicht erkennbar. Für die Zeichnungen ist die Technik zu prüfen, ihre Eignung zur Wiedergabe von Eigenschaften der Tiere. Eine Rolle spielt die Kunstfertigkeit des Zeichners. Es stellt sich die Frage nach Vorbildern, ob lebend, tot oder nach bereits vorliegenden Abbildungen anderer. Wichtig ist der Zweck der Darstellung, da von ihm die Genauigkeit, die Betonung oder Unterdrückung von Einzelheiten beeinflusst wird. Beispiele dafür sind in den Artbearbeitungen gegeben. Bild und Text können im Idealfall zum gleichen Ergebnis führen und sich in einer gelungenen Determination bestätigen.

Zunächst war ungewiss, ob die Zeichnungen des Artemidor-Papyrus überhaupt eine zoologische Interpretation zulassen. Voraussetzung war ein Minimum an Naturtreue. Dieses wird in der Diskussion der einzelnen Arten geprüft. Andererseits konnte als Arbeitshypothese angenommen werden, dass überwiegend reale Tiere dargestellt sind, da sich einige spontan als solche erkennen lassen, z. B. die Giraffe (**V21**). Bei den anderen ist die Identifikation des gemeinten Objekts in abgestuftem Umfang mit Schwierigkeiten verbunden.

Die Kunst des Alten Ägypten beginnt in der prädynastischen Zeit mit Grafitti, Felszeichnungen, Tiergruppen in ornamentaler Anordnung auf Gegenständen des gehobenen Gebrauchs, welche trotz ihres hohen Abstraktionsgrades die zitierten Arten in Form und Bewegung gut erkennen lassen. Tendenziell werden später die Tierbildnisse kunstvoller und teilen sich in annähernd naturalistische Tierdarstellungen (z. B. die Jagdszene im Grab des Nebamun, Abu'l Naga, 18. Dynastie, Lambourne 1990: 8) (Abb. 17) und in vergöttlichte Tiere mit einem statuarischen, bis ins Detail fixierten Formenschatz. Unter letzteren gibt es einige, deren Ursprung aus einem Tier zwar erkennbar ist, ohne dass es bislang gelang, dessen zoologische Art festlegen zu können, z. B. den tiergestaltigen Gott Seth, vielleicht ein Erdferkel. Immerhin lässt sich aus dieser Spannbreite eine Fülle von Arten zoologisch determinieren, wie z. B. die über 70 von Houlihan (1988) identifizierten Vogelarten oder die eindrucksvolle Liste der Fische bei Boessneck (1988) zeigen.

Dem Zographos anonymos war dieser Fundus einer tierischen Bilderwelt im Alten Ägypten zweifellos bekannt. Allerdings erfolgte keine direkte Übernahme. Er lebte in der Griechenstadt Alexandria und hat die „moderne“ Formensprache des Hellenismus verinnerlicht. Diese hat für Ägypten ihren „Urknall“ in dem Nil-Mosaik von Praeneste / Palestrina (bzw. seinen Vorbildern in Alexandria: Mosaik, Bildpapyri), welches in einer realistischen Vogelschau Fauna, Flora, Habitate, identifizierbare Gebäude und Menschengruppen der Landschaft zwischen Alexandria und den Zuflüssen Atbara, Blauer Nil und in geringerem Maße Weißer Nil vorstellt. Hier sind mindestens 45 Tierarten ursprünglich sehr naturgetreu darstellt, teilweise leider nach mehrfacher Zerstörung nur durch Rekonstruktion und Interpretation zu deuten (Gullini 1956, Steinmeyer-Schareika 1978, Meyboom 1995, Kinzelbach in Vorbereitung 2010). Hier werden Tiere nicht als Symbol, Idol oder Dekoration dargestellt, sondern lebensecht, was unterstrichen wird durch die überlieferten Textfragmente bzw. Auszüge aus dem zugehörigen Bericht über die Expedition, die um 280 v. Chr. König Ptolemaios II. Philadelphos (Regierungszeit 285–246 v. Chr.) zur Exploration von Ressourcen (vor allem Elefanten), zur Machtdemonstration und zu seiner Selbstvergewisserung in „aemulatio“ des Großen Alexander durchführen ließ (Steinmeyer-Schareika 1978). Der gleiche Stil von Tierdarstellungen mit Namensnennung begegnet im Tierfries von Marissa um 200 v. Chr. und hier beim Zographos. Selbst wenn in diesen Beispielen die Bildinhalte, die einzelnen Tiere, nur gelegentlich übereinstimmen, wird ein gemeinsames Konzept sichtbar.

Dieses führt noch weiter zurück. Denn der „Naturalismus“ der hellenistischen Tierdarstellungen (mit Beschriftung) wurde durch die Schule des Aristoteles gegründet, der lehrbuchartig die Tierwelt im Text (Aubert & Wimmer 1868) darstellte und nachweislich zur Präsentation gemalte Unterrichtstafeln (Arist. mem. 450a12–451a2; Kádár 1978) verwendet hatte. So geht der in sehr charakteristischer Haltung wiedergegebene Höckerschwan (**V12**) des Artemidor-Papyrus wie der des Wiener Dioskurides wahrscheinlich direkt auf Aristoteles zurück, daneben auch weitere vergleichbare Wiedergaben an anderer Stelle. Dieses aristotelische Konzept wirkte im informierenden, wissenschaftlichen Kontext deutlich bis zu den Vögeln im Wiener Dioskurides (Dioscorides 1970) und den byzantinischen medizinischen Codices weiter. Im Bereich der Kunst mündete es in Wandmalerei und Mosaikkunst ein, löste sich dort allerdings von der realistischen Darstellung ab und ging in den mythologischen und dekorativen Bereich über.

Etappen dieser Dichotomie sind, mit einem Gradienten der Ungenauigkeit:

- **Naturalismus A** (Wissenschaft), Bildabsicht nur informativ, Namen beigefügt, Aristoteles fortlebend, z. B. im Wiener Dioskurides und anderen Codices (Kádár 1978). Dort Artniveau mit Eichelhäher, Rötelfalke, Rostgans, Ringeltaube usw. Ein illustrierter Expeditionsbericht als Grundlage für das Nilmosaik von Praeneste, dort Artniveau mit Sekretär, Gaukler, Nilgans, Krickente usw. Das Verso des Artemidor-Papyrus, Artniveau bei fast allen Darstellungen.

- **Naturalismus B** (Kunst), Bildabsicht überwiegend dekorativ mit Rückbeziehung auf wissenschaftliche Genauigkeit. Ohne Namen. Naturtreue auf Wunsch des Auftraggebers und abhängig von der Kunstfertigkeit des Künstlers, erhalten z. B. in Wandmalereien in Pompeii. Artniveau mit Eichelhäher, Pirol, Nachtigall, Ringeltaube, Italiensperling.

- **Naturalismus C** (Kunst, Dekoration, abgehoben vom Objekt), die Bildabsicht ist dekorativ, mythologisch, verwildernd. Teils liegt noch eine hinreichende Merkmalsmenge zur Artidentifikation vor, z. B. der dionysischen Tiere Pfau, Purpurhuhn, Ringeltaube, Halsbandsittich (vgl. Piazza Armerina). Hinreichend auch zur groben Identifikation bis zur Familie oder Gattung anderer mythologisch besetzter Tiere: Adler, Schwan, Taube. Schließlich gibt es auch im überwiegend dekorativen Umfeld unbeabsichtigt „richtige" Darstellungen, allerdings nur auf dem Gattungsniveau: Ente, Schwalbe, Taube, Kranich.

- Am Ende der Reihe steht ein **Pseudo-Naturalismus**, etwa die nicht identifizierbaren „bunten" Singvögel in Pompeji, die Mischung zwischen Gänsegeier und Schwan auf einem Wandgemälde im Römisch-Germanischen Museum in Köln, die dekorative Wiedergabe von Schwan und Gepard im Haus des Augustus in Rom (Carettoni 1983). Diese sind im Sinne der Zoologie völlig unbrauchbar.

Erwünscht ist, wenn die Bilder durch den Text, die einzelne Nachricht durch Parallelen bestätigt werden, in gegenseitiger Erhellung. Weitere zoologische Auswertung von gelungenen Identifikationen kann dann durch Zeitreihen erfolgen oder durch Kartierung der Verbreitung in Zeitschnitten.

3.7 Darstellungsweise

Die meisten Tiere des Artemidor-Papyrus sind in der *norma lateralis* mit nach links gerichtetem Vorderende abgebildet, wie im Wiener Dioskurides (Dioscorides 1970) und wie es heute noch Standard bei wissenschaftlichen Zeichnungen ist. Abweichend werden einige der Vögel im Halbprofil gezeigt (zumindest kann das so verstanden werden), der Pottwal (**V20**) zugleich von der Seite und von oben. Viele Bilder zeigen Tiere in Aktion, was zurück zum Nilmosaik und nach vorn gerichtet zu den byzantinischen Jagdcodices (Kádár 1978) führt und damit als charakteristisch für den hellenistischen Neubeginn der Tierdarstellung aufgefasst werden darf. Dazu zählt auch der modern anmutende, skizzenhafte Stil, die Andeutung einer minimalen Landschaft durch Büschel und Kreise von grasartiger Vegetation, weiterhin Schattierungen, die teils durch Strichelung, teils aber auch durch breite Verwischungen oder Pinselstriche ausgeführt werden.

Dennoch sind die Tiere nicht streng „naturgetreu“ dargestellt, wie es z. B. im Wiener Dioskurides der Fall ist. Die Zeichnungen enthalten z. T. grobe Fehler oder Unterlassungen, was die zoologischen Charakteristika der abgebildeten Lebewesen angeht. Diese Erscheinung zieht sich allerdings in unterschiedlicher Ausprägung durch die gesamte Kunstgeschichte: Es ist für Biologen immer wieder erstaunlich, was für schlechte Beobachter viele Künstler sind. Einen solchen Mangel an charakteristischen Merkmalen kritisierte an anderen historischen Objekten erstmals ausdrücklich Nissen (1953): „Letzten Endes zielten jedoch die Künstler der Renaissance ... auf künstlerisch-ornamentale Effekte, so dass bei aller Genauigkeit doch oft gerade zoologisch entscheidende Merkmale ihrer Objekte übersehen oder undeutlich wiedergegeben sind.“

Andererseits weisen von der Absicht der Darstellung her die Zeichnungen des Artemidor-Papyrus meist eine hinreichende Menge von Merkmalen mit Wiedererkennungswert auf, mittels derer sie der Betrachter identifizieren kann und in ein semantisches Beziehungsgefüge einzuordnen vermag. Dazu können durchaus für uns wichtige Eigenschaften vernachlässigt sein; andere, bedeutsam für die damalige Sehweise, liegen vor, werden heute jedoch mangels entsprechender Sehschulung nicht wahrgenommen.

3.8 Die Verknüpfung loser Enden

Ist eine Identifikation gelungen, beginnt der Vergleich mit ähnlichen Abbildungen bzw. Namen. Dieser endet oft im Ungewissen. Prinzipiell ist es jedoch möglich, die hier abgebildeten und benannten Tiere in Gestalt ihrer Vorbilder oder paralleler bildlicher oder textlicher Erwähnung wieder zu finden und in Beziehung zu setzen, dies trotz der Begrenztheit der Überlieferung. Denn ungewöhnliche Tiere waren in der frühen römischen Kaiserzeit noch selten zu sehen und erregten in jedem einzelnen Fall so viel Aufsehen, dass mit ihrer Spur in den Quellen gerechnet werden darf. Daher gelang in einer Anzahl von Fällen eine Verknüpfung von Zeichnungen des Zographos mit literarisch individuell überlieferten Tieren.

4. Kommentare zu den Arten

Die Kommentare stellen jeweils eine mehr oder weniger umfangreiche monographische Behandlung jeder Art dar, in der Reihenfolge der Bearbeitung von Gallazzi, Kramer & Settis (2008), unter Übernahme der dort gebrauchten Nummerierung. Im Vordergrund steht eine möglichst widerspruchsfreie, belastbare Artbestimmung und Benennung nach der modernen binominalen Nomenklatur. Diese wird jeweils abgeleitet aus den in der Zeichnung selbst dargestellten biologischen Eigenschaften der betreffenden Art, befreit von Manierismen und Fehlern. Alternativen werden ausführlich erörtert, um die vorgeschlagene Deutung abzusichern. Zur Begründung werden sparsam auch andere Quellen diskutiert. Es erfolgt keine Wiederholung der umfangreichen vergleichenden Quellenstudien in der Edition von Gallazzi, Kramer & Settis (2008).

Die Tiere stammen aus dem Mittelmeer, aus Nord- und Nordost-Afrika und in Form einer speziellen Gruppe aus dem südlichen Asien („Indien"). Von Fall zu Fall ergeben sich Hinweise auf mittlerweile erfolgte Veränderungen des Areals durch Veränderung des Habitats, häufig durch Desertifikation oder auf Grund von Bejagung. Es kommt weiterhin zu Aussagen über die kulturelle Tier-Mensch-Beziehung in der Antike, besonders im Hinblick auf Tiertransporte und Tierhaltung. Behandelt werden auch die relativ wenigen auf dem Papyrus dargestellten Tiere aus der mythologischen Pseudo-Realität. Denn auch heute sind z. B. Mickymaus, Teddybär und Marsmenschen nicht nur fester Bestandteil der Kultur, sondern auch lebendige Gegenstände einer virtuellen Ökologie und Evolution.

Die Abbildungen im Text zeigen die Tierzeichnungen in ihrer von allen Fremdspuren gereinigten Form aus der Editio princeps (Gallazzi, Kramer & Settis: 327–458), in diesem Kapitel reduziert auf Graustufen, unten im Tafelteil in Farbe. Für die Bereitsstellung und die Publikationserlaubnis sei Valeria Passerini (LED Edizioni, Mailand) herzlich gedankt. Einen Eindruck des Papyrusoriginals bieten die Infrarot- und Farbaufnahmen auf S. VI und im Tafelanhang (Abb. 18, 22, 35, 48, 63, 74, 75, 78, 80, 94, 105, 114 und 115).

V01 Erdwolf ***Proteles cristatus*** (Sparrman, 1783)
λυκοθόας – lykothóas
(Mammalia, Carnivora, Hyaenidae)

Ein Tier von Hundegestalt nach rechts, mit verlängertem Kopf, spitzer Schnauze. Mund geöffnet, die lange Mundspalte **ohne** Bezahnung. Spitze, nach vorn gerichtete Ohren. Hals lang und kräftig, Körper schlank mit windhundartig eingezogenem Bauch. In Teilen erhalten ist ein buschiger, aufgerichteter Schweif, dunkel, mit s-förmiger Krümmung. Auf dem Fell von Körper und Hals nur geringe Andeutungen – charakteristisch für den Zographos – eines Musters lockerer Flecken, die eine Querstreifung ergeben. Das Tier könnte als Streifenhyäne gedeute werden. Doch weichen charakteristische Merkmale ab: Der Kopf ist sehr spitz. Das Tier ist extrem schlank. Es fehlt die Rückenmähne, der zutreffende buschige Schwanz sollte weiß sein. Andererseits ist eine dichte Querstreifung des Rumpfes durch Gruppen senkrechter Striche angegeben; die gleichen Striche verlaufen folgerichtig am aufgereckten Hals fast senkrecht dazu (Abb. 1, 2). So auch bei einer Streifenhyäne im Grab des Antef, Theben, 18. Dynastie (Osborn & Osbornová 1998: fig. 7–146); vgl. auch Kingdon (1997: 259) (Abb. 3, 4).

Die Abbildung und der Name (s. u.) legen jedoch deutlich ein anderes, in Ägypten seltenes Tier nahe, den Erdwolf.

Der Name ist λυκοθόας Gallazzi, Kramer & Settis (2008: 327). Der erste Namensbestandteil ist zweifellos „lykos“, „Wolf“. Der zweite ist in dem Wort „thos, thoas“ für Hyänen verfügbar (Steinmeyer-Schareika 1978: 60–61). Enthalten ist das Substantiv im Verb „thoázein“, schnell laufen, wobei sich die Prioritätsfrage stellt.

- Der Name „lyko-thoas“ legt ein gemischtes Tier nahe. Eine physische Kreuzung zwischen Hundeartigen (Wolf: Canidae) und den mit den Katzen näher verwandten Hyänen (Hyaenidae) jedoch ist unmöglich. Doch war das Denken in biologischen Arten der Antike noch weitgehend fremd: Es wimmelte von vermeintlichen bzw. mythologischen Mischwesen. Auf Mischung zielt auch ein zweiter, für die Tüpfelhyäne verfügbarer Name, grch. „krokóttas“, der z. B. in Wort und Bild auf dem Nilmosaik von Praeneste belegt ist (Gullini 1956 Taf. 25b). Krokottas, lat. crocotta, crocutas (entspricht angeblich cruciata), soll das Ergebnis einer Kreuzung sein, einer vermeintlichen Mischung zwischen Wolf und Hund. Aelian (nat. anim. VII 22) trennte die beiden Arten der Hyänen: „Maligna sane animalia sunt hyaena et crocottas…“ („Wahrlich schlimme Tiere sind Streifen- und Tüpfelhyäne“).
- Der Doppelname kann durch eine phänotypische Einschätzung des Aussehens begründet sein, im Vergleich mit dem Wolf; ein häufiger Weg für die Namengebung von Tieren.
- Plausibler ist, dass dem für die Tüpfelhyäne verfügbaren Namen „thoas“ (**V02**), vielleicht ursprünglich nur „schnelles Tier von Hundegestalt“, hier als *differentia specifica* für den Erdwolf ein anderer Tiername, nämlich „lykos“, als erweiternder Namensbestandteil zugefügt wurde. So wird im Deutschen aus einer Eule die Sperbereule, aus einem Adler der Habichtsadler, aus einer Gans die Schwanengans

Die Bezahnung **fehlt**, ebenso wie beim Hyänenhund **V29**. Leider fehlt der Vorderkopf bei der Tüpfelhyäne (**V02**) für eine entsprechende Aussage. Diese Feststellung überrascht, weil der Zographos in anderen Zeichnungen durchaus Wert auf die Darstellung von Zähnen legte. Hyänen sind Tiere mit bekanntermaßen sehr starkem Gebiss und ungewöhnlich kräftiger Kiefermuskulatur. Sie gelten daher als gefährlich. Wurden hier Tiere aus dem Zoo von Alexandria wiedergegeben, denen man die Zähne entfernt hatte? Möglicherweise waren es im Käfig gemästete Hyänen, für die Boessneck (1988: 44–46, Abb. 55) (Abb. 5) gute Argumente aus der Zeit des Alten Reichs zusammengetragen hat. Die Streifenhyäne wird in der Kunst des Alten Ägypten von vordynastischer Zeit bis zur 20. Dynastie nicht selten abgebildet und gelegentlich mumifiziert (Osborn & Osbornová 1998: 97–105). Sie ist immer durch eine stumpfe Schnauze charakterisiert.

Der Erdwolf *Proteles cristatus* kommt im Sudan und weiter südwärts vor. Osborn & Osbornová (1998: 105) berichteten über wenige Sichtungen im Südosten Ägyptens und am Golf von Suez. Er passt als Seltenheit in die Bildersammlung des Zographos. Brentjes (1966a: 310) glaubte, die meisten altägyptischen Darstellungen gestreifter Hyänen als Erdwölfe identifizieren zu dürfen. Dies wurde jedoch von allen späteren Autoren verworfen. Vor einer Revision des vollständigen Bildmaterials ist keine Entscheidung zu treffen. Der Erdwolf ist vorwiegend Insektenfresser und hat ein schwächeres Gebiss als die anderen Hyaenidae.

V02 Tüpfelhyäne – *Crocuta crocuta* (Erxleben, 1777)
κροκ̣[όττ]α̣[ϲ] – krokóttas
(Mammalia, Carnivora, Canidae)

Eine Hyäne in Bewegung nach links, Vorderkörper und Kopf nur teilweise erhalten. Spitze, leicht nach hinten gerichtete Ohren; durch seitliche Aufsicht ist ihre Form nicht genau zu bestimmen. Eine Nackenmähne ist nur schwach angedeutet. Der Körper ist gedrungen, tonnenförmig, mit Hängebauch. Der Rücken ist in der hinteren Hälfte aufgewölbt, möglicherweise als Ausdruck einer ansetzenden Sprungbewegung. Die Hinterbeine sind richtig kürzer, als vermutlich die Vorderbeine waren. Die allein erhaltenen Hinterfüße enden mit breiten Tatzen. Der kurze Schwanz hat eine Quaste. Auffallende Zeichnung des Körpers mit dunklem Rücken, hellem Bauch, dazwischen große Flecken mit unregelmäßiger Begrenzung. Ein feineres Muster im Brustbereich und auf Hinterschenkeln. Um den Halsansatz deutet eine dünne Linie zutreffend den hinteren Rand der abweichenden Halspigmentierung an (Abb. 6).

In Gallazzi, Kramer & Settis (2008: 332) ist als Name nur ein nicht lesbarer Buchstabe (̣[) gedruckt; die Tintenspur wurde im Kommentar als θ, „th", interpretiert und zu „thóas" ergänzt.

Allerdings gibt es neuerdings durch Auffindung eines seitenverkehrten Abdrucks des Namens auf dem Recto, neben dem Kopf R1, die neue Namenlesung

„krokóttas“ (Gallazzi brieflich). Dies ist ein mehrfach belegter Name für die Tüpfelhyäne. Mit ihr stimmt die Abbildung **V02** weitgehend überein.

Abbildungen der Tüpfelhyäne sind im Alten Ägypten selten, beginnen jedoch schon in prädynastischer Zeit, z. B. auf einer Schminktafel aus dem Louvre (Lange & Hirmer 1967: pl. 3).

Das vorliegende Bild eines wohlgenährten Tieres legt Mästung in Gefangenschaft nahe, wie für beide Hyänenarten und vielleicht auch den Hyänenhund (**V29**) aus pharaonischer Zeit mehrfach bezeugt (Abb. 5).

V03 Nilwaran – *Varanus niloticus* Linnaeus, 1766
χέρσυδρος πανθηροκορκόδειλος – chérsydros pantherokorkódeilos
(Squamata, Varanidae)

Zwei Tiere der gleichen Art umkreisen einander gegenläufig. Links ein leopardenartiger Torso, der Kopf von kantigem Profil, kleine rundliche Ohren, ein großes Auge, dem Beschauer zugewandt, der Blick nach links über die Schulter nach hinten. Der Halsansatz an der verdeckten Brust erscheint katzentypisch. Rechts, ihm in fast gleicher Höhe und Größe gegenüberstehend, dem Beschauer einen lang gestreckten Rücken zuwendend, ein gleichartiges Tier. Sein Kopf blickt nach links, mit kantigem Umriss und runden Ohren, seine Schnauze ist etwas länger, fast hyänen- oder hundeartig, aber hier könnte auch ein Leopard angedeutet sein. Der Unterkiefer des geöffneten Mundes korrespondiert mit dem des gegenüberliegenden Tieres. Ein langer, gebogener Hals. Unter dem Rumpf des vorderen Tieres liegen undeutlich zwei Vorder(?)beine mit Gelenken und Tatzen (oben und Abb. 8).

Die Namenlesung nach Gallazzi, Kramer & Settis (2008: 333) ergibt zum einen „chérsydroi“, zum anderen „pantherokorkódeiloi“, beide im Plural, da zwei Tiere abgebildet sind. Ein Chérsydros ist ein Tier mit Befähigung zum Leben an Land wie zu Wasser, ohne ein „Amphibium“ im zoologischen Sinne zu sein. Pantherokorkódeilos ist ein Tier von der Grundform des (bekannten) Krokodils, mit der Fleckung eines Panthers. Damit sind wir bei einer Deutung, wie sie für „krokodilopárdalis“ u. a. auf dem Nilmosaik von Praeneste / Palestrina plausibel vorgegeben ist (Steinmeyer-Schareika 1978: 66). Das darunter verstandene Tier ist der bunt gefleckte Nilwaran, *Varanus niloticus* (Abb. 9). Apollodoros bei Aelian (nat. anim. VIII 7) nannte „chersydrum“ äußerst giftig.

Der Zographos oder seine Vorlage hat den verfügbaren Namen offenbar ohne direkte Anschauung und Vorbild, wohl aus dem Gedächtnis, frei interpretiert als ein lang gestrecktes, potenziell im Wasser lebendes Reptil, das unzutreffend mit dem dorsal gezackten Krokodilschwanz ausgestattet ist. Das Bestimmungswort des Namens, „pánthera“, gefleckt wie ein Leopard (oder Gepard), wird durch die Fleckung des Protoms wiedergegeben und bildlich verstärkt dadurch, dass dem Tier Pantherköpfe mit kleinen Ohren zugedacht werden. Die Köpfe sind etwas verkleinert, fast verstümmelt, weit weniger perfekt als die der anderen gefleckten Katzen des Papyrus, und tragen damit dem Umstand Rechnung, dass hier keine „echten“ Leoparden gezeigt werden.

V04 Jakobsschaf, Vierhornschaf – *Ovis orientalis* Gmelin, 1774
κριάγρων – kriágrôn
(Mammalia, Perissodactyla, Caprini, Capridae)

Dargestellt ist ein kräftiger Paarhufer mit dichtem, krausem Fell besonders zwischen den Hörnern, auf Nacken und Rücken sowie auf dem kurzen, behaarten Schwanz ohne Quaste. Der Kopf ist zum Beschauer gewendet. An ihm lange, schlanke Ohren und zwei Paare von Hörnern. Ein Paar lyraförmiger, relativ schwacher Hörner ragt nach oben; zusätzlich steht auf der linken, allein erhaltenen Kopfseite ein gewundenes Widderhorn zur Seite (Abb. 10).

Der zugehörige Name lautet nach Gallazzi, Kramer & Settis (2008: 337) wahrscheinlich „kriágrôn". Er passt am besten zu den „krioí ágrioi", die Herodot (hist. IV 192) für Libyen unter vielen anderen Wildtieren nennt. „Kríos" ist allgemein „Widder, Schafbock", „ágrios" weist auf ein Wildtier hin. Eine solche Art von Schafen trat allerdings in Afrika nicht wildlebend auf. Es handelt sich nach der wolligen Beschaffenheit des Fells um eine freilaufende Rasse des Hausschafs, domestiziert aus der westlichen Gruppe der Wildschafe.

Der Zographos bildet das Schaf ab wegen einer Besonderheit, der „Vierhörnigkeit“ (vgl. **V35**). Er gibt damit eines der bei Aelian als Beispiele für Verdopplung von Organen oder Körperteilen genannten Tiere wieder: „Oves etiam tum quadricornes, tum tricornes, fuerunt in templo Jovis custodis urbis (in Aegypto)“ (Aelian, nat. anim. XI 40). Mit dem Tempel des Jupiter haben wir einen Hinweis auf den Ort, an dem der Zographos sein Modell gesehen haben kann.

Es gibt viele spätere Belege für vierhörnige Ziegen- und Schafrassen (Abb. 11), u. v. a., z. B. bei Kaiser Friedrich II. Das Jakobsschaf, eine sehr alte Zuchtrasse aus Mesopotamien, wird bis heute (durchgehend?) gezüchtet; es kann ungehörnt bleiben, zwei, vier oder sogar sechs oder eine ungerade Anzahl von Hörnern ausbilden.

V05 Papageifisch – *Sparisoma (Euscarus) cretensis* (Linnaeus, 1758)
λαγωός – lagôós
(Osteichthyes, Perciformes, Scaridae)

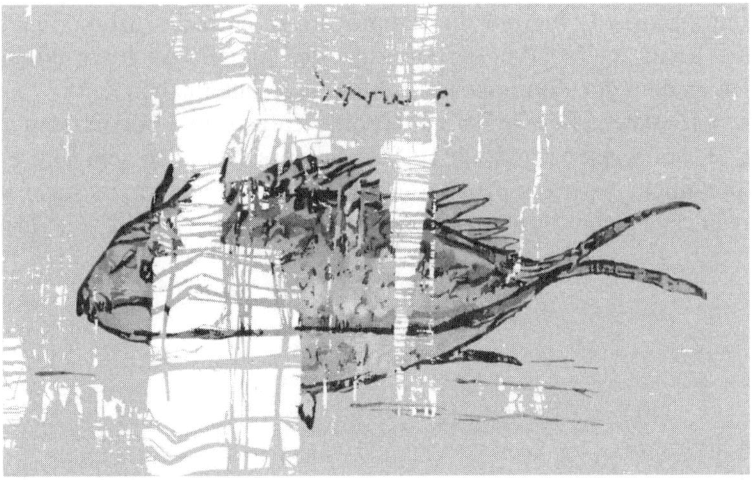

Die Lesung des Namens ist „lagôós" nach Gallazzi, Kramer & Settis (2008: 339), mit der Bedeutung „hasenartig". Es bieten sich mehrere Deutungen an.

- Der „Seehase", „lagôs ho thaláttios" (Thompson 1947: 142) ist eine Meeres-Nacktschnecke (Opisthobranchia) der Gattung *Aplysia*. In Frage kommen insbesondere *Aplysia depilans* Gmelin, 1791 oder *Aplysia punctata* Cuvier, 1803. Für diese Benennung gibt es mehrere antike Belege, z. B. Aelian (nat. anim. II 45) und Plinius (nat. hist. IX 155 unter „lepus marinus"). Sie wird fortgeführt von den Autoren der frühen Neuzeit bis zu Linnaeus (1758) und durchgehend bis in mediterrane Volkssprachen gebraucht. Weitere Belege bei Thompson (1947: 142–143). Es handelt sich um ein auffälliges Tier mit charakteristischen „Ohren" (Rhinophoren). Einige Arten erreichen fast die Größe eines echten Hasen. Eine giftige „Tinte" wird im Falle der Verteidigung ausgestoßen. Weder die Abbildung noch die Namensform im Artemidor-Papyrus führen zu einer Meeres-Nacktschnecke „Seehase".

- Aelian (nat. anim. XVI 19) erwähnt eine andere Art von „Seehasen" aus dem Indischen Ozean: „Magni maris lepus (nam alterum, qui in alio mari nascitur, ante dixi) ex omni parte ad terreni similitudinem accedit praeter pilos. Nam terrestri pili et molles sunt, et ad tactum haudquaquam resistentes; contra illius spinosi et erecti, et qui contigerit, laeditur." („Der Hase des großen Meeres – denn von einem anderen, der in einem anderen Meer lebt habe ich vorher gesprochen – kommt an den an Land lebenden in jeder Hinsicht heran außer bezüglich der Haare. Denn die Haare des an Land lebenden sind weich und bieten bei Berührung kaum Widerstand; im Gegensatz zu den stacheligen und aufrecht stehenden von denen verletzt wird, wer sie berührt"). Dieser „Seehase" wird auch von Plinius (nat. hist IX 155) als „lepus marinus in Indico mari" zitiert (Thompson 1947: 143–144).

Es handelt sich nach Körperform und Bestachelung um einen Kugel- oder Igelfisch, der im Indopazifik weit verbreitet ist. Angeregt durch die genannten antiken Autoren prägte Linnaeus den modernen wissenschaftlichen Namen *Lagocephalus lagocephalus*, wörtlich „Hasenkopf". Namen gebend ist die Form der schnabelartigen Kiefer, deren Zweiteilung bei der Ordnung der Tetraodontiformes (z. B. Gattungen *Diodon*, *Chilomycterus*) an die charakteristischen oberen Schneidezähne eines Hasen erinnert. Jedoch legen weder die Zeichnung noch die Namensform im Artemidor-Papyrus eine Zuordnung zu *Lagocephalus* nahe.

Liest man die Benennung λαγωό̣ς von **V05** statt λαγωό̣ς als λαγωί̣ς, führt dies zu einer weit plausibleren Identifikation. Diese Lesung stimmt besser mit dem Original überein, denn ein senkrechter Iota-Strich ist auf dem Papyrus erkennbar. Dazu stimmt auch z. B. Horaz (Sat. II, 2, 22) „Nec **scarus**, aut poterit peregrina iuvare **lagois**" (Thompson 1947: 142). „Lagois", ein Femininum, ist bisher nicht gedeutet und in dieser Form nirgends sonst genannt. Nach dem Epitheton „peregrina" ist sie ein fremder Fisch. Dies ist wichtig für die Identifikation, wichtig ist ebenso die Nennung in einer Reihe mit „scarus".

Dieser „scarus", „skaros" ist nach Thompson (1947: 238) identisch mit dem bis 40 cm langen, bunten und mit „Nagezähnen" ausgestatteten Papageifisch *Sparisoma cretensis* (synonym die Gattungen *Scarus* und *Euscarus,* Fam. Scaridae), „but occasionally used of related fishes". Der Papageifisch ist in der Antike häufig genannt, begehrt und abgebildet (Abb. 12–14). Bei Aelian (nat. anim. XIV 2) wird der „scarus" als Medizin empfohlen. Nach Plinius (nat. hist IX, 62) ist er besonders häufig im nach den Karern benannten Karpathischen Meer, zwischen Kreta und Rhodos, zu finden. Aelian (nat. anim. XII 2) setzt auch den „sargos" in Beziehung zu den an das Karische Meer angrenzenden Karern.

Aus der Ägäis ließ ein Freigelassener des Kaisers Tiberius (Regierung 14–37 n. Chr.), Admiral Optatus Elipertius, den scarus in großer Zahl an die Küste von Kampanien verbringen und dort fünf Jahre lang schonen (Macrobius, sat. III 16, 10). Nikander (ap. Ath. 320c, zit. nach Thompson 1947: 238) unterschied zwei Arten von „scarus", nämlich „onías" und „aíolos".

Ersterer, „onías", ist gewiss eine Art der Familie S**p**aridae; sie ist nicht bunt, wie ihr von „ónos", Esel, abgeleiteter Name zeigt, der noch bis in jüngste Zeit als „skáro gaídaro" von Fischern in Athen gebraucht wurde (Thompson 1947: 238). Die in Frage kommende Art sollte vorspringende Zähne haben, wie sie bei der Zahnbrasse *Dentex dentex* oder Arten der Gattung *Diplodus* angetroffen werden.

Letzterer, „aíolos", ist die einzige mittelmeerische Art der Fam. S**c**aridae, nämlich der o. g. bunte Papageifisch *Sparisoma cretensis*, für den Oppian (hal. IV 49) ein gleich lautendes Epitheton verwendete. Der Papageifisch oder Seepapagei ist ein bunter, ca. 30 cm langer Speisefisch.

Die beiden in manchen Eigenschaften, z. B. hasenartig vorstehende Zähne im Oberkiefer, Größe, wirtschaftliche Bedeutung übereinstimmenden Fischfamilien lassen sich in dem Begriffspaar „skáros“ und „lagôis“ ebenso wie im Paar „onías“ und „aiólos“ wieder finden. „Lagôis“ wird als „peregrinus“ bezeichnet, was sich als fremdartig, eingewandert auf die Einbürgerung im Tyrrhenischen Meer beziehen lässt, wobei der nach der Zeit von Horaz erfolgte Versuch des Optatus Elipertius wohl nicht der erste und einzige gewesen war. Vielleicht bezieht sich „peregrinus“ aber auch auf sein buntes, mit exotischen Papageien verglichenes Farbmuster.

Der vom Zographos abgebildete Fisch ist schwach hochrückig (ein Teil der vorderen Ventralseite fehlt oder ist verzeichnet; als Korrektur gilt der weniger hochrückige Umriss). Die Rückenflosse ist durchgehend, beginnt unmittelbar hinter dem Kopf und endet kurz vor dem Schwanz. Der Typ ist percoid, d. h. die Flossenstrahlen des vorderen Bereichs sind spitzer, die des hinteren breiter gezeigt. Ein Fragment einer Brustflosse ist erhalten. Die tatsächlich zu erwartende Afterflosse ist in manieristischer Zuspitzung eingezeichnet. Im Gegensatz zum lebenden Vorbild wird eine stark gespaltene feingliedrige Schwanzflosse gezeigt, auch hier ein Manierismus. Der Kopf ist mäßig zugespitzt und trägt deutlich die charakteristischen doppelten Zähne des Oberkiefers, die den Seehasen-Namen veranlasst haben. Das Auge ist auffallend und entspricht dem großen Auge des *Sparisoma cretensis.* Wie bei diesem sind pigmentierte Längsbinden am Kopf erkennbar.

Sparidae und die einzige Art der Scaridae waren bekannte und beliebte Speisefische. Sie sind daher auf Mosaiken vielfach wieder zu erkennen. Auf sie geht der verbreitete Topos (vgl. Manierismen Kapitel 5.8) zurück, alle möglichen Fische mit papageiartigen Schnauzen auszustatten, vgl. Piazza Armerina (Abb. 14).

V06 Rohrkatze, Sumpfluchs – ***Felis chaus*** Schreber, 1777
κάστωρ – kástôr (emend. kátor)
(Mammalia, Carnivora, Felidae)

Ein schlankes Katzentier nach links schleichend, Kopf kantig, fast hundeartig, Ohren nach vorn gerichtet, groß und spitz, ohne Quasten. Augen betont, mit strukturierter Umgebung. Das Maul ist offen, mit dünner Zunge, zahnlos, vielleicht deutet die Spitze des schmalen Unterkiefers einen Eckzahn an. Am Kinn eine kleine Mähne. Querstreifen im Thoraxbereich deuten ein Muster von Querstreifung an. Der Bauch ist auffallend stark eingezogen. Die Vorderläufe sind nicht erhalten. Die Hinterläufe zeigen Pfoten. Die Innenseite des rechten Hinterbeins ist katzenartig gefleckt. Der dünne Schwanz, mehr als halb so lang wie der Rumpf, läuft am Ende undeutlich in dichteres Fell aus. Er zeigt deutlich eine Ringelung (Abb. 15, 16).

Gallazzi, Kramer & Settis (2008: 341) lesen den beigefügten Namen als „kástor“, gewöhnlich als „Biber“ übersetzt. Zunächst besteht eine Divergenz zwischen Zeichnung und Benennung, denn eine Zuordnung der Abbildung zum zoologischen Biber *Castor fiber* ist abwegig. Einzelheiten lassen an einen Karakal (**V38**) denken, doch gibt es keine überzeugende Ähnlichkeit.

Das einzige in Frage kommende Katzentier ist die überwiegend asiatische, jedoch ins untere Niltal übergreifende Rohrkatze, *Felis chaus*. Sie hat zwar in Normhaltung einen voluminöseren Körper, ist auf der Abbildung jedoch in einer geduckt schleichenden Position dargestellt. Diese Art war im Alten Ägypten bekannt, wurde selten mumifiziert und abgebildet (z. B. vielleicht als Karikatur auf dem Londoner Papyrus mit Szenen einer verkehrten Welt, Eggebrecht 1984: 359) und war vielleicht Jagdhelfer (Grab des Nebamun, Abu‘l Naga, 18. Dynastie,

1400 v. Chr., Lambourne 1990) (Abb. 17). Die erste der beiden Abbildungen könnte jedoch auch auf die Falbkatze *Felis sylvestris libyca* bezogen werden.

Nach Osborn & Osbornová (1998 fig. 6–14, S. 53, 110) gibt es nur wenige eindeutige Dokumente der ursprünglich weit verbreiteten Rohrkatze, zuletzt drei Schädel in einer Bestattung bei Gizah aus spätdynastischer Zeit. Allerdings könnte auch die „Wildkatze" aus dem Grab des Chnemhotep, XI. Dynastie, in Beni Hassan, wiedergegeben in Osborn & Osbornová (1998 fig. 1–27, S. 13 und 6–14, S. 53) sehr gut eine Rohrkatze sein. Als seltenes Tier passt sie somit in die Bildersammlung von „Raritäten" des Zographos. Ältere Autoren schreiben ihr, unzutreffend, Anteile bei der Entstehung der Hauskatze zu.

Der Name ist eindeutig als „kástor" zu lesen. Die ältere Form ist „kátor", im Sinne von „Heuler". Zu Grunde liegt ein nubisches Wort, wohl aus Oberägypten, das mit der Hauskatze in trajanisch-hadrianischer Zeit als ein zunächst der niederen Sprache zugeschriebenes Wort „catta", „catus" ins Lateinische und als „gáttos" ins Griechische eingedrungen ist. Es ersetzte die älteren Bezeichnungen „mau" aus dem Ägyptischen, „aiélouros, aílouros" (Schwanzbeweger) aus dem Griechischen, sowie „feles, felis" (von „fel" im Sinne von gallengelb, ursprünglich der Edelmarder als häuslicher Mäusefänger mit deutlich gelbem Brustfleck) im Lateinischen. Von da drang die Bezeichnung in viele moderne europäische Sprachen ein. Dazu die lesenswerten Ausführungen von Keller (I, 1909: 72–77). Somit stimmen Herkunft und Bedeutung des Namens mit der Identität des abgebildeten Tiers auf dem Verso des Artemidor-Papyrus überein.

Der im Papyrus verwendete Name „kastor" ist eine sprachliche Bequemlichkeit und wahrscheinlich eine sekundäre Angleichung an das durch Aristoteles (hist. anim. VIII 5) verbreitete gleich klingende griechische Wort für den Biber. Im Lateinischen wird es neben „fiber" verwendet. Biber sind in byzantinischen Codices mehrfach, allerdings wenig naturgetreu, abgebildet (Kádár 1978: Taf. 68,2).

V07 Helmkasuar – *Casuarius casuarius* (Linnaeus, 1758)
στυμφαλίς – stymphalis
(Aves, Ratitae, Casuaridae)

Dargestellt ist ein nach links gerichteter, kräftiger Vogel mit hohen Beinen und langem, vergleichsweise dünnem Hals, ein Manierismus. Der Kopf trägt eine auffallende Haube hinter einer steilen Stirn. Der Schnabel ist kurz und kräftig und schwach gebogen, wieder ein Manierismus (vgl. Kapitel 5.8). Im vorderen Bereich der Flügelkante sind deutlich drei parallele Striche eingezeichnet, die sehr gut zu den dicken Federschäften des flugunfähigen Kasuars passen (Abb. 18–20). Das linke Bein fehlt unterhalb des befiederten proximalen Unterschenkels. Es ist offenbar gegenüber dem ganz sichtbaren rechten verkürzt, möglicherweise angewinkelt oder nach hinten gestreckt, wo es vielleicht auf einer Andeutung von Erdboden zu stehen kam. Daraus ergibt sich eine etwas unnatürliche Haltung. Der diagnostisch wichtige Hinterleib fehlt. Ein verbliebener dunkler Fleck könnte seiner Lage nach einem geringfügig nach unten hängenden Büschel von Schwanz- oder Deckfedern zuzuordnen sein.

Der zugehörige Name ist „stymphalis", „Stymphalischer Vogel" nach Gallazzi, Kramer & Settis (2008: 344). Er bezieht sich auf die Stadt Stymphalia am gleichnamigen See (noch heute Límni Stimfalías) auf der Peloponnes in Griechenland.

Die Stymphalischen Vögel treten in der Sage von den Taten des Herakles auf. Bei einer seiner Aufgaben vertreibt der Heros die für die Anwohner des Stymphalischen Sees gefährlichen Vögel, die ihre **ehernen Federn wie Pfeile** auf Menschen abschießen und ihnen dadurch Krankheit und Tod bringen. Die Vögel sind eine Allegorie auf die Malaria, die am Stymphalischen See wie an vielen Stellen des antiken Griechenlands verbreitet war. Es liegt die gleiche Vorstellung zu Grunde, nach der Apollon mittels Pfeilschüssen die Pest verbreitete. Herakles, eine frühhistorische Gestalt, erfüllte mehrere Aufgaben auf dem Gebiet der Entwässerung und Verbesserung der Hygiene: Die Bändigung der Quelle Hydra, die Ausmistung des Augiasstalls. Im vorliegenden Fall senkte er den Seespiegel ab, was in historischer Zeit noch mehrfach erfolgt ist, und verminderte dadurch das Brutgebiet der die Malaria übertragenden Stechmücken. Auch die Übertragung des Namens der Stymphalischen Vögel auf die Sternbilder Adler und Schwan weist auf das saisonale Auftreten von Malaria hin. Darüber hinaus gibt es einen bunten Strauß blühender Erzählungen und Abbildungen (Gallazzi, Kramer & Settis 2008: 345; Schwab 1838–1840).

- In Sumpfgebieten, aus denen Malaria droht, leben stets auch große Wasservögel. Sie wurden frühzeitig im Umfeld des Herakles als vermeintliche Ursache einer Bedrohung des Menschen abgebildet, sind jedoch inkonsistent und können keiner bestimmten Art zugeordnet werden. Plinius (nat. hist. XI 121) schreibt den Stymphalischen Vögeln eine Federhaube („cirrus“) zu, vergleichbar dem Kiebitz. Gessner (1585: 538) zitierte „Stymphalides aves ad gruum magnitudinem accedunt, Gillius.“ („Die Stymphalischen Vögel erreichen die Größe von Kranichen, nach Gillius“). Thompson (1936: 273–274) kam daher nur zu einer allgemeinen Bestimmung der stymphalischen Vögel als „a crested waterbird“. Dieser wird eindrucksvoll auf einer sizilischen Münze von 370–350 v. Chr. sichtbar (www.cngcoins.com).

- Eine Deutung als Kronenkranich *Balearica pavonina* wird von Gallazzi, Kramer & Settis (2008: 346) aufgrund des heutigen Fehlens dieser Art in Ägypten für unwahrscheinlich gehalten. Geht man jedoch von dem Konzept des Zographos aus, eher seltene Tiere oder ungewöhnliche Situationen wiederzugeben, könnte diese Art durchaus in Betracht kommen. Einzelne Exemplare konnten zumindest ebenso leicht nach Alexandria gelangen wie z. B. Giraffen. Die ornithologische Literatur lehnt allerdings weitgehend ein Freiland-Vorkommen in Ägypten ab. Auch eindeutige prähistorische Belege werden verleugnet (Houlihan 1988: 181, Fußnote 470). Zu erwähnen sind die Libya-Palette aus der I. Dynastie (z. B. Keimer 1954: 135–6) und ein Messergriff der Pitt-Rivers-Sammlung. Dieser zeigt links, in der oberen Reihe des Defilées der Vögel neben einen Sekretär, *Sagittarius serpentarius,* deutlich einen Kronenkranich (Vandier 1952: 542, fig. 363; Kinzelbach 2008) (Abb. 21). Die Zahl der Abbildungen aus vergleichbarem Fundgut dürfte leicht zu vermehren sein. Daraus folgt, dass von prähistorischer Zeit bis in die I. Dynastie in Oberägypten mit Brutvorkommen des Kronenkranichs zu rechnen war. Seine nördliche Arealgrenze verlagerte sich in Folge von Bejagung und Klimaveränderung nach Süden. Doch auch heute noch gelangen versprengte vereinzelt weit nach Norden. Nach Goodman & Meininger (1989: 227) wurden 1964 und 1971 einige im Gebiet von Jebel Elba am Roten Meer erlegt bzw. beobachtet (ob Brut?). Eine weitere Nachricht betrifft Beobachtung im Winter bei el-Kab (von Besserer 1908).

Hier wird eine Zuweisung zum Helmkasuar *Casuarius casuarius* vorgeschlagen. Hauptargument ist die Zeichnung selbst, die nicht den zartgliedrigen Kronenkranich mit geschwungenem Hals zeigt, auch nicht dessen fast durchscheinende, gesträubte Federkrone. Dargestellt ist ein Helmkasuar, und nur das Vorurteil, ein solcher könne zu dieser Zeit nicht den Weg nach Westen gefunden haben, lässt zögern. Der Name des Tieres „stymphalis“ erhärtet jedoch diese Zuweisung. Der o. g. Sage entsprechend sind vom Gefieder ausgehende Pfeile zu erwarten. Genau solche weist der rudimentäre Flügel des Kasuars auf, in Form fast fingerdicker, nicht mit Fahnen versehener Federn (Abb. 18, 19). Sie wurden von dem Zographos unverkennbar dargestellt. Die Flugunfähigkeit des (in Gefangenschaft gehaltenen) Kasuars war den Augenzeugen nicht bewusst.

Die nachträgliche Zuweisung des Namens eines mythologischen Vogels, hier Stymphalis, zu einem real existierenden, hier Helmkasuar, ist nicht ungewöhnlich. So wurde der mythologische Phönix, einerseits mit dem altägyptischen „bennu“, einem (Purpur-)Reiher (**V37**) gleichgesetzt, andererseits nach Plinius in der römischen Kaiserzeit mit einem in Rom zur Schau gestellten Goldfasan *Chrysolophus pictus* aus dem weit entfernten Südostasien (nat. hist X 5–5). Auch wurde der purpurfarbene mythologische Phönix auf Grund seiner Färbung und Namensähnlichkeit als Purpurhuhn *Porphyrio porphyrio* gedeutet, wie ein Mosaik in Piazza Armerina erkennen lässt.

Der Helmkasuar kam wahrscheinlich mit der Gesandtschaft aus Indien im Jahr 20 v. Chr. nach Alexandria (Kapitel 5.4). Er lebt auf Neuguinea und den Aru-Inseln; nur künstlich angesiedelt in Queensland (Australien) und auf der Insel Seram. Das anspruchslose Tier hat in seiner Heimat eine lange Geschichte der Akkulturation, wurde schon früh in Gehegen gehalten und als Jungtier gehandelt. In Gefangenschaft werden die Tiere bis zu 40 Jahre alt. Beides ermöglicht eine Verfrachtung über große Entfernungen unter Nutzung von Zwischenstationen. Als solche bieten sich Taprobane (Ceylon) und Bargosa (Indien) an. Die nächsten bekannten Importe in die westliche Welt gelangen erst wieder ab 1597 aus Ostindien nach Holland (Kinzelbach & Hölzinger 2000).

V08 Nilgans – *Alopochen nilotica* (Linnaeus, 1766)
χηναλώπηξ – chenalópex
(Aves, Anseriformes, Anatidae)

Die Zeichnung stellt ziemlich unspezifisch eine Gans nach links dar, die am hinteren Rand eines Pflanzenkreises steht. Eine Pigmentierung ist durch Pinseltechnik angedeutet, entspricht jedoch nur sehr ungefähr dem natürlichen Farbmuster. Die Brust ist tingiert, jedoch in weit größerem Umfang, als der charakteristische Brustfleck der offensichtlich gemeinten Nilgans ausmacht (s. u.) (Abb. 22).

Eine artspezifische Identifikation ist nur durch den beigefügten Namen „chenalopex" möglich (Gallazzi, Kramer & Settis 2008: 347). Der Name „chenalopex, chenalops", „Fuchsgans" wird in mehreren Varianten in der antiken Literatur vielfach erwähnt. Nach Keller (II, 1909) und Thompson (1936) handelt es sich um die Wiedergabe eines ägyptischen Wortes, verderbt durch falsche (Volks-)Etymologie zu „chen + alopex". Allerdings wird keine nähere Begründung gegeben.

Zum Status der Nilgans im Alten Ägypten vgl. Kuentz (1934). Die Art ist häufig erkennbar abgebildet (Gallazzi, Kramer & Settis 2008: 347–349) (Abb. 23, 24). Der purpurbraune Brustfleck bildet ein stets betontes Charakteristikum. Die Nilgans tritt als Hieroglyphe auf und wird in Texten erwähnt. Die Nilgans tritt als Hieroglyphe auf und wird in Texten erwähnt. Ihr Name ist „smn", dem nasalen Ruf entsprechend, wobei der Vokal zwischen m und n je nach individueller Hörleistung als helles o oder verschattetes e wahrgenommen wird (koptisch lautmalend ⲥⲙⲟⲩⲛⲉ). Ein sehr treffendes Textzitat über das Verhalten ist wiedergegeben bei Houlihan (1988: 64). Diskutiert wird Gehegehaltung. Boettger (1958: 139 ff.) hielt, etwas überzogen, die Nilgans für ein Haustier, welches erst sekundär wieder verwilderte. Nilgansmumien sind von Theben und dem Gurnah-Tempel des Thotmes III. beschrieben (Lortet-Gaillard II: 155). Die Nilgans wird auch in der hellenistischen Zeit häufig abgebildet und erwähnt. Die älteste hellenistische Abbildung ist auf dem Nil-Mosaik von Praeneste zu finden, wo unter fliegenden, bejagten Gänsen im hohen Gebirge Meroës eine den charakteristischen braunen Brustfleck zeigt und dadurch ihre Artzugehörigkeit ausweist.

Nicht selten ist Verwechslung mit der Rostgans *Tadorna ferruginea*, die in Ägypten heute nur als Wintergast vorkommt. Sie ist in Zeugnissen des Alten Ägypten nur selten abgebildet, z. B. in der Mastaba des Mehu in Saqqara (1988: 65–66). Manche der Nilgans zugewiesene Bilder zeigen in Wirklichkeit die Rostgans, z. B. im Wiener Dioskurides (Dioscorides 1970: Tafel gegenüber S. 482).

Die Nilgans ist verbreitet im subsaharischen Afrika. In Ägypten selbst war sie im Mittelalter in der Umgebung Kairos bekannt. Eine Scherbe aus Fustat mit einer Nilgans, 12. Jahrhundert, zeigt das Museum für Islamische Kunst in Berlin (106, Kat. Nr. 147). Auch Belon (1555) sah Nilgänse mit Jungen in Kairo. Insofern dürfte die Nilgans zur Zeit des Zographos auch bei Alexandria nicht gerade selten gewesen sein. In seine Sammlung seltener Tiere gelangte sie vermutlich in Folge alter Verehrung.

Im 19. Jahrhundert war das Vorkommen der Nilgans in Ägypten erloschen bis auf sehr vereinzelte Bruten (Goodman & Meininger 1989: 156). Erst im letzten Viertel des 20. Jahrhunderts kehrte sie nach dem Bau des Sadd el-ʿAli zurück. Wie auch anderen klassischen Brutvögeln Ägyptens erlaubte der Nasser-Stausee seit 1971 mit seinen sich begrünenden Buchten eine Erholung des Brutbestands bis zum 24° n. B., so auch beim Nimmersatt (*Mycteria ibis*) (Kinzelbach 1986) und dem Heiligen Ibis (*Threskiornis aethiopicus*) (Goodman & Meininger 1989: 156–7). Wintergäste streifen nordwärts zum Delta und sind auch in Tunesien und Algerien beobachtet worden. Als Irrgast wurde die Nilgans in den letzten 200 Jahren bekannt aus Syrien, Cypern, Südanatolien und dem südlichen Balkan (von der Mühle 1844). Seit dem 18. Jahrhundert wurde die Nilgans als Parkvogel in Europa gehalten und ist von dort aus an vielen Stellen verwildert: Sie brütet mit anhaltender Ausbreitungstendenz im Freiland als Neozoon in England, in Belgien und den Niederlanden, im Nordwesten Deutschlands (seit wenigen Jahren sogar auf der Petrikirche in Rostock) und in Israel.

V09 Kampf zweier phantastischer Meeresungeheuer

ξιφίας, θυννόπριστις – xiphías, thynnópristis
(Keine genaue Determination: Schwertfisch, Sägerochen, Wale)

Zwei Wassertiere, Meeresungeheuer, im Kampf verstrickt. Links, nach oben ragend, ein spitzer Kopf mit Zähnen, der einem Schwertfisch *Xiphias gladius* ähnelt, doch hat dieser in Wirklichkeit keine auffälligen Zähne. Vgl. den Namen „xiphias". Beigemischt ist wohl die Vorstellung vom Sägerochen *Pristis pristis*, der zwei auffallende Zahnreihen, allerdings außen am verlängerten Oberkopf trägt. Dieser Kopf sitzt unproportioniert auf dem kräftigen Körper eines Vierfüßers mit glatter Haut. Er ist im Sprung, mit nach vorn gestreckten Vorderpranken; etwas beschädigt, doch gut sichtbar ist das linke Hinterbein. Ein kurzer Schwanz wird vom Maul seines Gegners ergriffen.

Der Körper des „xiphias" ist von einem aalförmigen Wesen, „thynnopristis", nach Art einer Würgeschlange umschlungen. Dieses hebt rechts sein dramatisch mit Hörnern und Bart ausgeschmücktes, grässliches Haupt und wendet es dem „xiphias" zu im Versuch, mit seinem Maul (das unvollständig erhalten ist) zuzubeißen. In Kopfnähe am Körper sind bestachelte Kiemendeckel angedeutet, in der

Rückenlinie ein Kamm aus dreieckigen, gleich großen Flossen. Der manieristisch gestaltete Schwanz (so bei vielen späteren Delphindarstellungen) wird vom Maul des „xiphias" festgehalten (Abb. 25).

Der Vierfüßer mit dem Kopf von Schwertfisch / Sägerochen ist als „xiphias" beschriftet, bei der Schlange steht nach Gallazzi, Kramer & Settis (2008: 351) in zwei Zeilen „thynn(o-)" und „prist-", daraus „thynnoprístis".

Es handelt sich um zwei phantastisch ausgeschmückte Monstren, die in der Kunst ihr Eigenleben und eine virtuelle Evolution entwickeln (Abb. 25, 29, 30). Auf die zahlreichen späteren Bildwerke, die bei Gallazzi, Kramer & Settis (2008: 350 ff.) sachkundig ausgeführt sind, braucht hier nicht eingegangen zu werden. Es soll hier nur geprüft werden, welche realen Tiere möglicherweise Modell standen.

V09a Xiphías. Der „xiphías" ist nur dem Namen nach und einigen Merkmalen des Kopfes folgend dem Schwertfisch *Xiphias gladius* (Familie Xiphiidae) zuzuweisen (Thompson 1947: 219) (Abb. 25, 27). Das Monstrum zeigt einen massigen, glatten Körper mit vier Füßen, der auf konventionelle Darstellungen von Walen verweist. Weitere Überlegungen sind im Augenblick fruchtlos.

Zum „Xiphías" zählt eine weit spätere, pseudowissenschaftliche Darstellung, die des „caab" bei Petrus Candidus um 1460, angeblich nach Aristoteles (Petrus Candidus 1993: 42). Der in Gallazzi, Kramer & Settis (2008: 353) zum Vergleich hinzugezogene „xioig" (ΞΙΟΙΓ) auf dem Nilmosaik von Praeneste (z. B. Gullini 1956, Steinmeyer-Schareika 1978), der jetzt als „xiphias" (ΞΙΦΙẠC̣) gelesen werden kann, ist hingegen zweifellos ein Afrikanischer Elefant, der nach einer frühen Beschädigung, wohl schon in der Antike, irrtümlich oder zur Erhöhung des Sensationswerts als „xiphias" rekonstruiert worden ist, unter Zugrundelegung einer bereits verfestigten Ikonographie des phantastischen Monstrums. Ein *terminus ante quem* für die Reparatur kann gewonnen werden durch eine Wandmalerei in Pompeji auf der Insula Occidentalis (wiedergeben z. B. in Meyboom 1995: pl. 31), ein weiterer Beleg für die Vorbildfunktion des Nilmosaiks und/oder seiner inhaltsgleichen Vorläufer für Malerei und Mosaikkunst in Pompeji. Die Bezeichnung „xiphias" anstelle von „elephas" für den Elefanten ist wohl auf seine gefährlichen Stoßzähne zu beziehen; vielleicht ist sie eine Parallelbildung aus dem Binnenland, wo der Schwertfisch unbekannt war. Vgl. die Parallele von „mantichoras" zu „tigris" (**V31**).

V09b Thynnopristis. Der lang gestreckte „thynnopristis" trägt den Namen eines großen Fischs, „thýnnos", der gewöhnlich dem Thunfisch zugewiesen wird, sowie „prístis", die Säge (Plinius nat. hist. IX 4; IX 8 pistrix = pristis = serra), ein Name, der auch auf nicht identifizierbare Wale angewendet wird, z. B. als „pister" für einen Pottwal noch von Petrus Candidus (1993: 52). Zur Identifikation bietet sich nach dem Wortsinn „Säge" der Sägerochen an, vermischt mit dem Schwertfisch, welcher ungefähr die Größe und die Gestalt eines Thunfischs aufweist (Abb. 28).

Naturähnlicher als im Artemidor-Papyrus ist dieses Wesen auf einer leider nicht näher erläuterten Münze dargestellt (Keller II, 1913: Taf. II 18 „Pistrix")

(Abb. 26), ähnlich auf einem Didrachmon von ca. 430 v. Chr. aus Kymai (Hands, Class. V, SNG BMC 10). Beide zeigen sozusagen den Prototyp: Ein lang gestreckter „Fisch" mit nach hinten gekrümmtem Körper, der in einem manieristisch gestalteten Schwanz mit „Serviettenring" (vgl. Kapitel 5.8) und zwiegespaltener Flosse ausläuft. Das Tier zeigt ein schnabelartiges Maul, am Unterkiefer einen Bart, ein Paar Hörner am Hinterkopf, anschließend eine aus Flossen gestaltete „Mähne". Vermutlich verbirgt sich ein Wal dahinter, kombiniert aus einer Reihe ungenauer Sichtungen.

V10 Keulenrochen, Sägerochen – *Raja clavata* Linnaeus, 1758
πρίων – príôn
(Chondrichthyes, Batoidei, Rajidae)

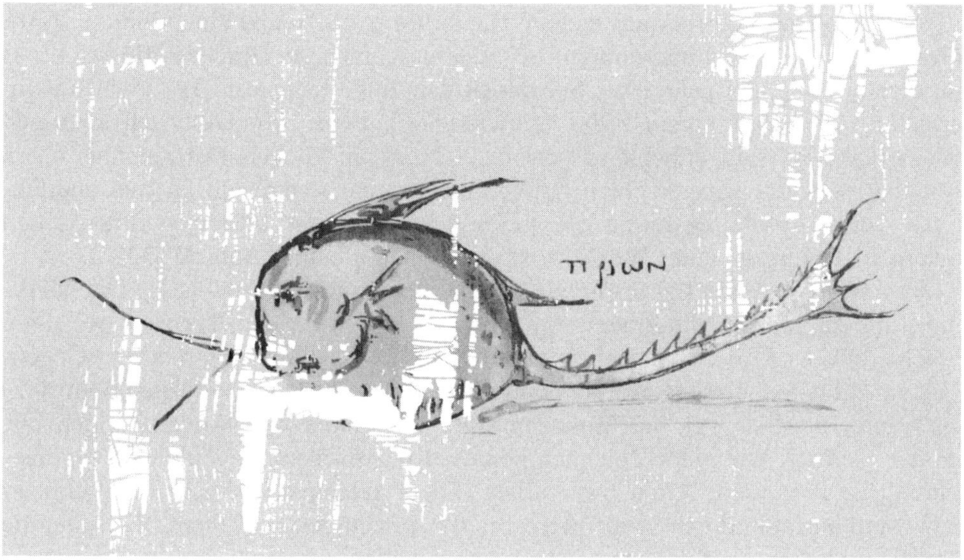

Die Namenlesung ist „príôn" (Gallazzi, Kramer & Settis 2008: 355) in der Bedeutung von „Säge". Es liegt jedoch kein Sägerochen vor, da dieser die Säge beiderseits außen am lang gestreckten Vorderkopf trägt (vgl. **V09**). Er fehlt zudem im Mittelmeer mit Ausnahme von Irrgästen. Eine morphologisch andersartige, den Namen gebende „Säge" tritt jedoch mit etwa 16 Zähnen am Schwanz des dargestellten Tieres auf. Trotz des Namens vom gleichen Wortstamm liegt als Parallelbildung ein vom legendären Sägefisch völlig verschiedenes Tier vor. Im Physiologus wird ein Tier „prion" beschrieben mit großen Flügeln (Gallazzi, Kramer & Settis 2008: 356), was zu einem Rochen führt.

Die Perspektive der Zeichnung wechselt im gleichen Bild (Drehperspektive, vgl. u. a. Pottwal **V20**). Dem Zeichner lag das Tier nicht vor, es wurde aus dem Gedächtnis oder nach einer mündlichen Beschreibung gefertigt. Im vorderen Bereich des Körpers erscheint der Fisch hochrückig, angezeigt durch die Asymmetrie der dorsalen Körperanhänge und einem deutlich erkennbaren rechten Auge. Andererseits ist weiter ventral ein zweites, linkes, Auge erkennbar. Es gibt ein Paar nach vorn gestreckter Barteln, die nicht zum Keulenrochen gehören können. Sie schließen nicht an den Körper an, sondern gehören zur Umgebung. Allenfalls sind sie Dekoration, Missverständnis oder sie knüpfen an die Kopfflossen eines Teufelsrochens (**V17**) an.

Es handelt es sich demnach um einen dorsiventral abgeflachten, von oben gesehenen Fisch. Der Schwanzstiel ist von der Seite gesehen, um sieben größere und mindestens neun kleine dreieckige Sägezähne zu zeigen, die ihm aufsitzen. Das abgeflachte Schwanzende liegt wiederum eher waagerecht und zeigt eine vierzipfelige Flosse, die allerdings auf einer, der „dorsalen“ Seite von den erwähnten kleinen Zähnchen gesäumt wird.

Auf dem Vorderkörper am rechten Rand eine größere und eine kleinere spitze Flosse. In der Körpermitte eine in drei Äste aufgefächerte (Rücken-)flosse. Unter ihr eine Art Kiemenspalte bzw. Spritzloch. Die linke Köperseite ist unvollständig erhalten. Das Bild spiegelt die Schwierigkeit, einer perspektivisch richtigen Wiedergabe eines abgeflachten Fisches, gesehen vom Rücken. Der Zeichner nahm offenbar statt der waagerechten Schwimmlage eine senkrechte an und „berichtigte“ seine Abbildung durch die Festlegung einer der beiden symmetrischen Seiten als Unterseite unter Weglassung der großen Flossen (Abb. 31, 32).

Stimmt man dieser Erklärung zu, ist die Deutung nicht schwierig. Die Merkmale des im ganzen Mittelmeer von Fischmärkten bekannten, bis zu 1 m langen Stachelrochens *Raja clavata* sind vorzufinden. Er ist durch den scharfen Gegensatz eines breiten, flachen Körpers und eines mit Hautzähnen besetzten Schwanzstiels unverkennbar, vgl. Stechrochen (**V23**). Verwandte *Raja*-Arten scheiden aus, da das Tier der Artemidor-Zeichnung eine artspezifische, unregelmäßige Pigmentierung zeigt. Andere Arten mit starker „Säge“ fehlen im östlichen Mittelmeer, bzw. sind auffällig durch große pigmentierte Augenflecke auf ihrer Oberseite, die der Zographos wahrscheinlich wiedergegeben hätte.

Die Benennung nach der Zahnreihe auf dem Schwanz als „prion“, „Säge“, überrascht nicht. Bestätigt wird die Identifikation durch die o. g. Tradition des Physiologus, der „prion“ fliege im Wasser, was hervorragend zur Bewegungsweise dieser Art passt. Es ist erstaunlich, dass Gallazzi, Kramer & Settis (2008: 357, Fußnote 100) eine Deutung als Rochen ausdrücklich, ohne Nennung der Gründe, ablehnen.

V11 Fliegender Fisch – *Hirundichthys rondeletii* (Valenciennes, 1846)
ἱέραξ – (h)iérax
(Osteichthyes, Beloniformes, Exocoetidae)

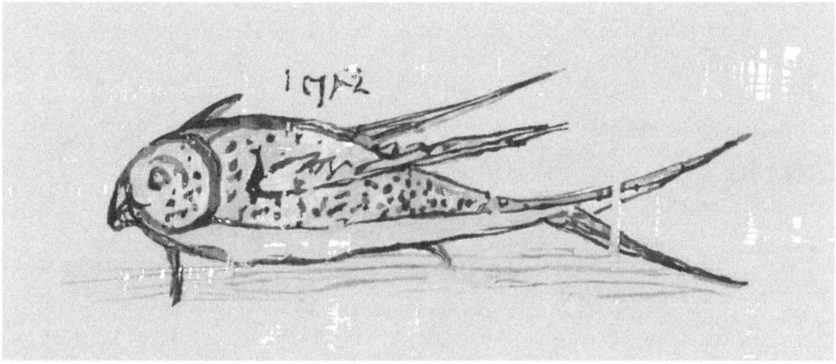

Abgebildet ist ein schlanker Fisch nach links, mit schnabelartig gestaltetem Mund (Manierismus, wie auch der vorhandene Bart). Die großen Augen und die Kiemendeckel stimmen mit denen des Fliegenden Fisches überein. Dorsal- und Ventralseite sind unterschiedlich pigmentiert, die helle Bauchseite ist sehr schmal, was der tief liegenden Seitenlinie der Familie Exocoetidae entspricht. Sichtbar ist ein Paar langer, dunkler Brustflossen. An dem schlanken, homozerken Schwanz wird eine Verlängerung der unteren Hälfte vermisst. Nur eine paarige Bauchflosse ist angedeutet, die kleine unpaarige kurz vor dem Schwanzstiel fehlt (Abb. 33, 34).

Die Lesung des Namens ist „iérax" bzw. „hiérax" (Gallazzi, Kramer & Settis 2008: 339). Seine Bedeutung ist „Falke", besonders die „edlen", später als Jagdfalken gebrauchten Arten. Das *tertium comparationis* sind die langen, schlanken Flügel/Brustflossen, die windschlüpfige Gestalt, die dadurch nahe liegende rasche Fortbewegung auch außerhalb des Wassers.

Für „(h)ierax" gibt es viele Belege nach Thompson (1947: 90). Nach der Abbildung und einem Vergleich mit Oppians Nomenklatur ist ein Fliegender Fisch gemeint. Im Lateinischen erfolgt Gleichsetzung mit den Milan-Namen „ictinus" und „milvus". Ictinus ist auch ein Fisch bei Plinius (nat. hist. XXXII 149). Der ebenfalls im Mittelmeer lebende Flughahn *Dactylopterus volitans* kommt in Folge seiner völlig anderen Gestalt nicht in Frage.

Eine Artbestimmung führt auf die über das ganze westliche Mittelmeer, die Adria und das Ionische Meer verbreitete Art *Hirundichthys rondeletii* (Synonym Gattung *Exonautes*), die in einem disjunkten Areal auch in der östlichen Levantesee und vor der Nilmündung, also im Einzugsbereich der alexandrinischen Fischerei vorkommt. Die übrigen fünf Arten des Mittelmeeres sind wie z. B. *Cypselurus heterurus* auf das westliche Mittelmeer beschränkt oder überhaupt nur sehr vereinzelt nachgewiesen.

V12 Höckerschwan – *Cygnus olor* (Gmelin, 1789)
αἰγίλωψ – aigílops
(Aves, Anseriformes, Cygnidae)

Gezeigt wird ein Schwan nach links in der Haltung des Drohens, mit einem dünnen, wellenförmig gekrümmten Hals. Die Füße sind teilweise sichtbar; das Tier steht also an Land oder in sehr seichtem Wasser. Der Körper ist unsystematisch mit Stift und Pinsel schattiert, vielleicht ein Hinweis darauf, dass es sich um einen hellgrauen *immaturus* handelt. Der Schnabel ist sehr detailliert dargestellt mit deutlich sichtbarer Umrandung am Schnabelgrund bzw. mit einem Schnabelhöcker, wie er bereits am Ende des Geburtsjahres auftritt, jedoch noch geringer entwickelt als beim *adultus*. Die gezeigte Körperhaltung kommt beim Höckerschwan tatsächlich vor, weniger eindrucksvoll beim Singschwan, der einen relativ kürzeren Hals aufweist, sowie – noch weniger eindrucksvoll – bei Gänse-Arten (Abb. 35, 36).

Die Bestimmung ist dadurch eindeutig. Sie wird bestätigt durch den beigefügten Namen „aigílops“. Seine Bedeutung ist hier im übertragenen Sinn „Geschwür im Augenwinkel“, „Gerstenkorn“. Im ursprünglichen Sinn bedeutet „aigílops“ Gersten- oder Haferkorn, bzw. die essbare Frucht der Knopperneiche (*Quercus coccifera*): „aigílops“, „wie eine Eichel aussehend“.

Schwäne sind in den Texten antiker Autoren zwar vielfach und mit vielen Einzelheiten erwähnt (Keller II, 1913: 213–220); allerdings sind die beiden als Brutvögel in Europa verbreiteten Arten nicht trennbar. Im Artemidor-Papyrus ist erstmals für den Höckerschwan, zugleich mit diakritischen Merkmalen für seine Identifikation auf der Zeichnung, ein sprechender, auf den artspezifischen Schnabelhöcker bezogener Name dokumentiert. Bisher war gr. „kýknos“, „kýdnos“, lat. „cygnus“, das verfügbare Etymon für unspezifisch „Schwan“. Davon ist der moderne wissenschaftliche Gattungsname *Cygnus* abgeleitet. Dieser Name war ursprünglich auf den Singschwan geprägt, wie die indogermanische Sprachverwandtschaft mit lat. „canere“ erkennen lässt. Ähnlich bezieht sich auch im Deutschen „Schwan“ ursprünglich auf den Singschwan, zugehörig zu einem Wortfeld vergleichbar dem lat. „sonare“. Der Höckerschwan hieß dagegen noch bis in das 16. Jahrhundert „elbis“, „elbs“, sprachverwandt mit lat „albus“.

Name und Abbildung sind daher von großer Bedeutung für die Trennung von Höcker- und Singschwan in der Antike. Die zahlreichen Darstellungen in der bildenden Kunst geben Mischwesen wieder. Nur zufällig ist eher die eine oder andere Art zu erkennen. Eindeutig dem Höckerschwan zuzuordnende Bildwerke sind selten. Gallazzi, Kramer & Settis (2008: 362–363) geben einige Stellen an, auf denen der Höckerschwan gezeigt ist. Besonders hingewiesen sei auf folgende:

- Herausragend ist ein Holzmodell aus dem Grab der Prinzessin Itiwert, Dashur, 12. Dynastie (Houlihan 1988: 50–52) (Abb. V12/3). Grab des Haremheb (Ende 18. Dynastie). (Boessneck 1988: 103, vgl. Fußnote 26 S. 174).
- Als seltener gefangenes Geflügel vorgestellt im Grab des Amenemheb, 18. Dynastie (Boessneck 1988: 102 ff., Abb. 161).
- Ein großes Tier, wohl diese Art, Relief in Grab des Ptahhotep, Ende 5. Dynastie (Boessneck 1988: 102 ff., Abb. 176).
- Der Wiener Dioskurides von 512 (Vindob. Med. Gr. 1, f. 482v) zeigt einen dünnhalsigen Schwan in der auf Abb. V12/2 gezeigten Gebärde; zudem ist eine schwarze Binde um die Schnabelbasis zu erkennen. Die eigentliche Schnabelfarbe ist auf den verfügbaren Reproduktionen nicht eindeutig zu bestimmen (Abb. V12/4) (Abb. 37).
- Auffliegender Höckerschwan, Apollo-Münze von Klazomenai (Keller II, 1913: Taf. I, 11).
- Drohender Höckerschwan im Haus des Augustus in Rom (Carettoni 1983: 11, 37).
- Unspezifisch auf einen nicht identifizierbaren Vertreter der Anseriformes ist die Haltung übertragen auf einem Mosaik in Antiochia Seleukia (Dunbabin 1999: 195).

Der Singschwan *Cygnus cygnus* ist in geringer Zahl Wintergast an der Küste Nordafrikas, nur gelegentlich in Scharen, wobei die Artzugehörigkeit offen bleibt, vgl. Aristoteles nach Aelian (nat. anim. X 36): „In mari Africo Aristoteles ait olorum gregem interdum apparere.“ („Aristoteles sagt, dass auf dem afrikanischen Meer gelegentlich eine Schar von Schwänen erscheine“). Er gelangt selten nilaufwärts. Nur sehr vereinzelt tritt er in schriftlichen und bildlichen Dokumenten des Alten Ägypten seit prädynastischer Zeit entgegen, vgl. Houlihan (1988: 53–54) und Boessneck (1988: 103). In der klassischen Antike begegnet er schon bei Homer auf den „asischen Wiesen“ am Maiandros (Büyük Menderes) (Ilias B 461; Körner 1930). Er stand infolge mythologischer Zusammenhänge als Tier des hyperboreischen Apoll und der Venus im Rampenlicht (vgl. Aelian nat. anim. XI 1: „De cygnis Apollinem cantu colentibus“). Allerdings brachte erst Platon (427–347 v. Chr.) im Phaidon (84e3–85a3) zu Papier, dass der im Gegensatz zum Höckerschwan stimmbegabte Singschwan unmittelbar vor seinem erahnten Tode singe. Seit dem wurde die Mär vom „Schwanengesang“ tausendfach zitiert und ausgebaut (aktuell 173 000 hits in google). Die zahlreichen Schwäne der Leda in der Kunstgeschichte bedürfen einer zoologischen Überprüfung.

Der Höckerschwan tritt im heutigen Ägypten nur vereinzelt und unregelmäßig als Wintergast auf (Goodman & Meininger 1981: 152), mit zunehmender Tendenz in Folge der stark angewachsenen Höckerschwan-Bestände in Europa. Dies entspricht der Situation im Alten Ägypten, wo der Höckerschwan ebenfalls nur selten auftrat und daher, speziell verehrt, abgebildet wurde. Die Aufnahme in die Sammlung von Zeichnungen des Zographos betont seine besondere Wertschätzung.

V13 Haubenhuhn – *Gallus gallus* Linnaeus, 1758
κόρακος – kórakos
(Aves, Galliformes, Phasianidae)

Haushühner sind sowohl im Alten Ägypten als auch auf frühen hellenistischen Bildwerken vergleichsweise selten abgebildet, obwohl sie schon um 2200 v. Chr. in Syrien und um 1849 v. Chr. in Ägypten nachweisbar sind, wo sie später zum Gegenstand intensiver Zucht wurden (Petit 2002: 74). Dies legt eine zunächst relativ langsame Ausbreitung und geringe Verbreitungsdichte nahe, dann erst eine allgemeine Vertrautheit, mit der Folge, dass sich nur verzögert ein mythologisches (Weiheopfer) oder folkloristisches Umfeld entwickelte, das es angebracht erscheinen ließ, diese gewöhnliche Art prominent abzubilden. Häufiger als überliefert war wohl der Hahnenkampf. Zum verbreiteten Nahrungsmittel wurde das Haushuhn erst zur römischen Zeit, aus der detaillierte Berichte über Zucht und Haltung vorliegen (u. a. Varro, res rustica III 9; Columella, res rustica VIII 2). Beide genannten Autoren berichteten sogar von einer sekundär verwilderten Population auf der Insel Gallinaria vor Ligurien; solche Verwilderung, Einbürgerung in eine natürliche Umgebung (Neozoismus) kommt angesichts der Häufigkeit des Haushuhns in Gefangenschaft vergleichsweise sehr selten vor (Niethammer 1963); diskutiert wird das so genannte Preußische, mittlerweile Bergische Buschhuhn. Die Auswahl eines Hahns für die Zeichnungen auf dem Artemidor-Papyrus signalisiert schon allein vor diesem Hintergrund eine Besonderheit des speziell abgebildeten Objekts.

Gezeigt wird ein schlanker, hochläufiger Haushahn, hoch aufgerichtet, in der *norma lateralis* nach links blickend. Er trägt an Stelle eines Kamms eine dichte Federhaube, ist somit ein Vertreter der Mutante oder Zuchtrasse Haubenhuhn (s. u.). Sein Schwanz ist schmächtig, mit zwei besonders verlängerten Federn, wie sie für plesiomorphe Hühnerrassen charakteristisch sind, z. B. Zwerghühner, bestimmte Kampfhühner, wie sie auch im Alten Ägypten abgebildet wurden. Sporen fehlen, was nicht überrascht (vgl. Kapitel 3.7, die Bemerkung von Nissen 1953). Die Zehen sind nachlässig und zu klein gezeichnet. Es liegt kein Grund vor, sie mit Schwimmhäuten versehen zu deuten (Gallazzi, Kramer & Settis 2008: 365). Seine Farbe ist wahrscheinlich schwarz, nach der Pigmentdichte und der Schraffur zu schließen. An Hals und Rücken wurde die Tusche mit dem Pinsel aufgetragen bzw. verwischt. Auch aus späterer Zeit sind überwiegend Darstellungen dunkler Haubenhühner überliefert (Abb. 38).

Dem entspricht der Name „kórakos", der eine farbliche Übereinstimmung mit dem Kolkraben „kórax" nahe legt. Kórakos wird hier gedeutet „wie ein Rabe", „rabig". Dieselbe Vorstellung liegt der Benennung eines dunklen Fisches im Mittelmeer als kórakos, Meerrabe *Johnius umbra,* zu Grunde (Thompson 1936).

Die Gestalt, die Schwanzfedern und die noch zu diskutierende Eigenart der Federhaube lassen nur die Zuweisung zu einer besonderen Form des Haushuhns *Gallus gallus* zu. Mit Sicherheit ist kein Birkhahn *Lyrurus tetrix* gemeint, der nach seiner Ökologie und Biogeographie — abgesehen von völlig andersartigen körperlichen Merkmalen — in Ägypten völlig deplaziert wäre (Gallazzi, Kramer & Settis 2008: 365). Allerdings liegt kein gewöhnlicher Hahn vor, der zudem „aléktor" oder „alektryôn" heißen müsste.

Eine erste Auffälligkeit ist die schwarze Färbung. Schwarze Hühner bzw. Hähne waren in einer Zeit, in der noch nicht sortenrein gezüchtet wurde, nicht selbstverständlich verfügbar und daher auffällig. Sie treten als Opfertier für dunkle Mächte auf (Keller II, 1913: 134, u. a. nach Ovid), antiker Aberglauben, der bis in die frühe Neuzeit fortwirkt in Vorstellungen vom Hahnreiter, dem schwarzen Hahn als Tier des Teufels. Oder von dem schwarzen Hahn, der nach sieben Jahren ein Ei legt, aus dem ein Basilisk hervorgeht (Bächtold-Stäubli & Hoffmann-Krayer 1927, Bd. 3).

Eine zweite Besonderheit ist die Federhaube an Stelle des zu erwartenden fleischigen Kammes. Im Artemidor-Papyrus liegt die erste antike Abbildung eines Haubenhuhns vor. Archäologische Nachweise, jeweils einzelne Stücke, dieser charakteristischen Form sind sehr selten: in Großbritannien als Opfertier im spätrömerzeitlichen Uley, Somerset (Brothwell 1979), in Deutschland wohl auch als Opfertier um 394 n. Chr. im römischen Trier (Teegen 2007). Von Peters (1997) wird das Haubenhuhn irrtümlicherweise mit der sehr eigenständigen Hühnerrasse der Araukaner vermengt, die unabhängig vom Import von Haushühnern im Zuge der europäischen Besiedlung Amerikas, offenbar über den Pazifik nach Südamerika gelangt ist. Sie hat keine Federhaube und legt z. B. grünliche Eier.

Die Haubenbildung ist eigentlich eine pathologische Erscheinung, die in ähnlicher Weise bei Tauben und Hausenten bekannt ist (Requate 1959). Das

Vorderhirn wölbt sich bruchsackartig nach oben, der Schädelknochen wird dünn und von Löchern durchsetzt, der Kamm verschwindet zugunsten eines Büschels mittellanger, schmaler Federn (Abb. 39–42). Die beiden archäologisch aus der Antike nachgewiesenen Stücke könnten daher unabhängiges Auftreten dieser Mutation innerhalb eines großen Hühnerbestands signalisieren. Sie wurden vielleicht wegen dieser Auffälligkeit als Opfertiere ausgewählt. Bei regelmäßigem Auftreten der Mutante im Nordwesten des Römischen Reichs müsste sie angesichts der Tonnen von Hühnerknochen im archäologischen Fundmaterial schon öfter aufgefallen sein (Abb. 40–41).

In Europa treten Haubenhühner erst wieder nach 1453 auf. Sie mögen nach dem Fall Konstantinopels neben vielen anderen Kulturgütern nach Westen ins Reich gelangt sein. In das 15. Jahrhundert fallen noch unpublizierte Funde aus Abfallgruben im spätmittelalterlichen Rostock und Magdeburg (Kinzelbach 2010 im Druck) (Abb. 42).

Gybertus Longolius trennte in seinem 1544 postum erschienenen „dialogus de avibus" deutlich das damals neuartige Truthuhn von der „Indica gallina", welche von Bischof Philippus von Utrecht als Leckerbissen verzehrt wurde, in allem einem Huhn ähnlich außer in der papageiartigen Färbung und „crista speciosa ornata". Er hat es selbst nicht lebend, jedoch dessen „exuviae" (Balg, Stopfpräparat) in der Burg von Batavodurum (Nimwegen) gesehen. Seine an versteckter Stelle publizierte Nachricht wurde bereits von Gessner (1555 und 1585: 483: 30 ff. „De gallina Indica") verbreitet.

Vom 16. Jahrhundert an finden wir in Europa viele Belege für Haltung als Rarität, um 1600 am kurfürstlichen Hof in Heidelberg, wohl aus Holland importiert, jedenfalls als „Welsch huen" eine Besonderheit im Hühnerhof der von dort stammenden Kurfürstin, abgebildet durch Marcus zum Lamm (Kinzelbach & Hölzinger 2000). Weitere Belege in Kinzelbach (2010 im Druck).

V14 Stelzenläufer – *Himantopus himantopus* (Linnaeus, 1758)
ὑδροσκόπος – hydroskópos
(Aves, Lari-Limicolae, Himantopodidae)

Gezeigt wird ein Stelzvogel mit langen Beinen nach links, mit extrem dünnem, unnatürlich gebogenem Hals (vgl. Kapitel 5.8, Manierismen) und langem, dünnem Schnabel. Die Oberflügel sind schwarz schraffiert und mit grauem Pinselstrich schattiert. Auch Teile von Kopf, Hals und Schwanzbereich sind mit dem Pinsel als dunkler gekennzeichnet, allerdings ist nicht sicher, ob damit ein bestimmtes Muster angedeutet werden soll (Abb. 43, 44).

Zur Zeichnung passt der eindeutige, bisher nicht tradierte Name „hydroskópos", der „Wasserbeschauer". Er entspricht auch der Lebensweise des Stelzenläufers, der in seichtem Wasser watend dieses beobachtet und von der Oberfläche, aus dem Wasserkörper oder vom Grund kleine Beutetiere aufnimmt.

Als Deutung für das Bild kann nur die auch von Gallazzi, Kramer & Settis (2008: 368) vorgeschlagene als Stelzenläufer *Himantopus himantopus* in Frage kommen, ein zartgliedriger Stelzvogel (Limicolae: Himantopodidae) der Lagunen im Mittelmeergebiet. Bisher ist aus der Antike keine weitere bildliche Darstellung des Stelzenläufers bekannt.

Die zielend-suchende Ausrichtung von Kopf und Schnabel könnte einen kleinen Reiher vermuten lassen, etwa den in Ägypten häufigen Seidenreiher. Doch kommt dieser nicht in Frage, weil er keine dunkleren Federpartien aufweist und weil vier statt der hier gezeigten drei Zehen dargestellt sein müssten (Abb. 45).

Auch ist er ein häufiges Tier, was dem Konzept des Zographos widersprechen würde, „Raritäten“ zu versammeln.

Der Stelzenläufer ist ein heute in Ägypten seltener Brutvogel und mäßig häufiger Durchzügler (Goodmann & Meininger 1989: 232). Seine Knochen wurden nachgewiesen in Elephantine, Altes Reich (Boessneck 1988 S. 94, tab. 10) sowie in den Knochenlisten von Tell el-Dab'a (1800–1500 v. Chr) und Tell el-Maskhuta (6. J. v. Chr. bis 200. n. Chr.) (Boessneck 1988 S. 95 ff., tab. 11). Martin & Fradier (1994) deuteten einen Kranich auf einem Mosaik von Sfax irrtümlich als Stelzenläufer (Abb. 132).

V15 Mondfisch – *Mola mola* (Linnaeus, 1758)
κυκλίσκος – kyklískos
(Osteichthyes, Tetrodontiformes, Molidae)

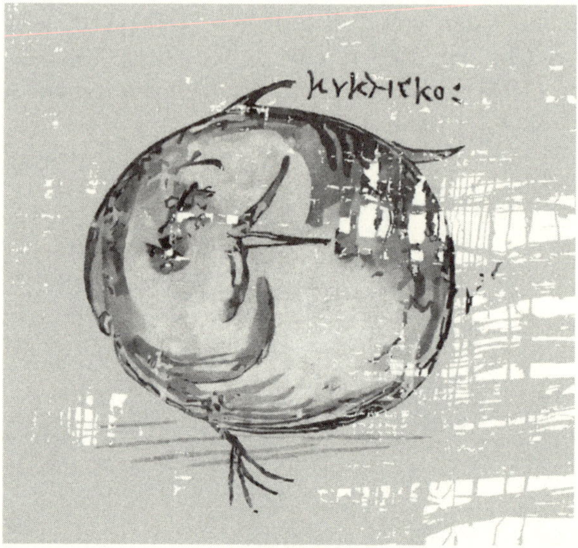

Die Zeichnung zeigt einen offenbar großen Fisch von fast kreisrundem Umriss, nach links. Auge, Kiemenöffnung und die zu kleine, aufgeteilte Brustflosse sind erkennbar. Dorsal zwei kurze unpaarige Flossenspitzen (Abb. 46, 47).

Der beigefügte Name ist „kyklískos“ (Gallazzi, Kramer & Settis 2008: 370) in der Bedeutung „der Kreisförmige“, „der Runde“. Bei Plinius (nat. hist. XXXII 150) lat. „orbis“ mit gleicher Bedeutung sowie nat. hist. XXXII 14: „durissimum esse piscium constat qui orbis vocetur; rotundus est, sine squamis, totusque capite constat.“ („Es steht fest, dass der härteste Fisch der ist, der Orbis genannt wird; er ist rund, unbeschuppt und besteht nur aus einem Kopf.“) Diese Stelle wurde von Thompson (1947: 185) irrtümlich dem Kugelfisch *Tetrodon lineatus* zugeordnet. Dies entsprang einer unzulässigen Verwechslung von „kyklos“ Kreis mit „globos“ Kugel.

In Frage kommt nur der fast kreisrunde Große Mondfisch von unverwechselbarer Gestalt. Er tritt weltweit in wärmeren Ozeanen auf, in Europa im Atlantik und dessen Randmeeren, nicht häufig, aber regelmäßig im Mittelmeer, aber auch fast alljährlich in der Ostsee. Durchmesser bis 3 m bei 1,5 Tonnen Gewicht. Ein Tiefseebewohner, der zeitweise träge an der Oberfläche treibt und dabei auffällt. Zum Verzehr nicht geeignet.

V16 Kampf zwischen Elefant und Riesenschlange

V16a Indischer Elefant – *Elephas maximus* Linnaeus, 1758

στειρὸς (lies στερρὸς) ἐλέφας – steirós (= sterrós) eléphas
(Mammalia, Artiodactyla, Elephantidae)

Erhalten sind Teile eines unproportionierten, sich nach links aufrichtenden Elefanten. Seine Körpermitte ist zu dünn. Von den Vorderbeinen sind nur die wenig charakteristischen Füße erhalten, die Hinterbeine sind zu dick. Die Ohren sind relativ klein, jedoch nicht ganz erhalten. Der Rüssel ist zu kurz. Die Nasenöffnung ist undeutlich gezeichnet, lässt jedenfalls nicht das Vorhandensein eines nach unten gerichteten „Greiffingers" erkennen, wie er für den Afrikanischen Elefanten charakteristisch ist. Die Rüsselspitze des abgebildeten Tieres spricht somit für den Indischen Elefanten. Man darf allerdings diese Darstellung nicht zu sehr belasten. Ebenso gibt das Ohr keine eindeutige Auskunft über die Artzugehörigkeit; es ist unvollständig und hängt durch die gezeigte Haltung nach hinten. Daher bleibt zunächst unentschieden, ob ein Afrikanischer oder ein Indischer Elefant gemeint ist (Abb. 48).

Name: „steirós eléphas“, steirós (lies: sterrós) = starr, steif aufgerichtet (Gallazzi, Kramer & Settis 2008: 373). Die Schlange mag „chérsydros óphis“ heißen, wobei ophis ergänzt ist. Der Indische Elefant kam westwärts bis in das Orontes-Tal vor (Hofmann 1974, Kinzelbach 1991).

Der Münzmeister Publius Petronius Turpilianus prägte im Jahre 18 v. Chr., bald nach seiner Bestallung, eine Münze mit einer von zwei – ausweislich der kleinen Ohren und des Sattelrückens – Indischen Elefanten gezogenen Biga, gelenkt vom Kaiser, die offenbar die indische Gesandtschaft des Jahres 20 v. Chr. feiern sollte (Vgl. Kapitel 5.4). Damit scheint die Artzugehörigkeit des vom Zographos abgebildeten Elefanten geklärt zu sein (Abb. 49, 50).

Horaz (Epistulae II 1, 194) erwähnte zur Regierungszeit des Augustus einen weißen Elefanten (vgl. Kapitel 5.4). Dieser wurde von Toynbee (1983: 399 Fußnote 12, 6) mit kleinem Vorbehalt der indischen Gesandschaft von 20 v. Chr. zugeschrieben. Er sollte aus Siam, dem Land der weißen Elefanten stammen, was nicht zwingend ist, denn Albinismus bzw. Leukismus kann vereinzelt überall auftreten. Auch damit wird die Artzugehörigkeit zum Indischen Elefanten nahegelegt.

Der Elefant im Kampf mit einer Riesenschlange wird bei Aelian (nat. anim. VI 21) nach ungewisser Quelle, vermutlich nach Ktesias, aus Indien beschrieben: „Apud Indos, sicut audio, graves inter se gerunt inimicitias draco et elephantus. Quare dracones, haud inscii imperitique ex arboribus elephantos ramos decerpere in pastus suos solere, in has ipsas arbores primo serpunt.“ („Bei den Indern, wie ich höre, sind Riesenschlangen und Elefanten heftig miteinander verfeindet. Daher kriechen die Riesenschlangen, wohl wissend, dass die Elefanten zur Nahrung Zweige von den Bäumen reißen, zuvor in diese Bäume.“) Beteiligte wären in diesem Falle der Indische Elefant *Elephas maximus* und der Tigerpython *Python molurus*.

Aelian berichtet jedoch Ähnliches auch aus Äthiopien (nat. anim. II 21) „Eadem maximos dracones ad triginta passuum longitudinem progredientes generat, et nomen proprium non habent, sed duntaxat elephantorum interfectores ipsos nominant, et proveniunt ad summam senectutem.“ Schlangen lassen sich aus Bäumen fallen, strangulieren den Hals des Elefanten und peitschen mit dem Schwanz. Das führt zu den Kampfpartnern Afrikanischer Elefant *Loxodonta africana* und Assala *Python sebae*. Ebenfalls aus Afrika berichtet Agatharchides (V Fr. 78 = Diod. III 37) von einer 30 Ellen (13,2 m) langen Schlange, von ihrem Transport nach Alexandria, von ihrer Zähmung durch Hunger, von der Belobigung der Fänger durch Ptolemaios und dessen Stolz auf die Sehenswürdigkeit. Agatharchides hielt es angesichts der Größe des Tieres für möglich, dass es sich auf einen Kampf mit Elefanten einlassen könne und lässt den Elefanten als Verlierer enden (Woelk 1966: 63–64). Schließlich zeigt ein Mosaik aus Karthago einen afrikanischen Elefanten in der Umklammerung eines Pythons (Toynbee 1983: 14).

Eine deutliche Parallele bildet ein Gemälde aus Pompeji, auf dem ein Afrikanischer Elefant sich rückwärts gewandt mit aufgerecktem Rüssel gegen einen Python wendet, der sich an einem benachbarten Baum hoch windet. Seine Haltung entspricht seitenverkehrt der im Artemidor-Papyrus vorliegenden. Übereinstimmungen gehen bis ins Detail: Auf beiden Abbildungen ist das linke Vorderbein des Elefanten angehoben. Die Szene in Pompeii ist zwar weniger dramatisch, jedoch weit detaillierter und lebensechter ausgeführt (wiedergegeben bei Gallazzi, Kramer & Settis 2008: 323). Sie lässt eher einen Afrikanischen Elefanten erkennen. Auch die Darstellungen u. a. von Oryx, Büffel, Wildesel an der benachbarten Wand versetzen die Szene nach Afrika. Der Artemidor-Papyrus kommt als unmittelbare Vorlage für das pompeianische Gemälde nicht in Frage, doch liegt sehr wahrscheinlich ein gemeinsames Vorbild zu Grunde, welches unterschiedlich ausgeführt wurde.

V16b Tigerpython – *Python molurus* Linnaeus, 1758
χέρσυδρος ὄφις – chérsydros óphis
(Squamata, Serpentes, Pythonidae)

Sein sehr langer geschuppter Körper ist starr aufgerichtet, gekrönt von einem fast skelettartigen Kopf, mit aufgerissenem Maul, sichtbarer dünner Zunge, spitzen, nach hinten gerichteten isodonten Zähnen im vorderen Teil des Ober- und im ganzen Unterkiefer. Der krasse Unterschied zwischen der Dicke des Kopfes und dem Durchmesser des anschließenden Körpers ist bei natürlichen Riesenschlangen nicht vorhanden. Er tritt in ähnlicher Weise bei der Schlange auf dem vorgenannten Gemälde in Pompeji auf, ein weiterer Hinweis auf die ikonographische Verwandtschaft. Im Vergleich zum Elefanten dürfte die Schlange etwa 13 m lang sein, was ziemlich gut der übertriebenen Angabe von 13,2 m bei Agatharchides entspricht.

Im Gegensatz zu anderen Python-Darstellungen gibt es hier keine kammartigen Kopfanhänge und keinen Bart. Solche Abzeichen, das männliche Geschlecht charakterisierend, sind aus dem frühen Italien bekannt (Keller II, 1913: 286), aber auch aus Pompeji (Meyboom 1995: pl. 75; Toynbee 1983: Abb. 112). Aelian (nat. anim. XI 26) gibt im Vergleich zum Sexualdimorphismus anderer Tiere verallgemeinernd: „Siquidem draco mas insignis est crista, et barba hirsutus". Die vorliegende Zeichnung gibt in dieser Hinsicht eine naturnahe Beschaffenheit wieder. Bei den anderen Schlangendarstellungen des Artemidor-Papyrus (**V22**, **V25**) sind Kopfanhänge vorhanden.

Die Merkmale lassen nur eine allgemeine Zuweisung zur heutigen paläotropisch verbreiteten Gattung *Python* zu. Der Name auf dem Papyrus, rekonstruiert als „chérsydros óphis" (Gallazzi, Kramer & Settis 2008: 373), ist unspezifisch. Die Schlange mag „chérsydros óphis" heißen, wobei ophis ergänzt ist und ebenso durch „drakon" substituiert werden könnte. „Chersydros" weist einen Aufenthalt in Wassernähe aus, wie der Autor z. B. am Senegalfluss selbst beobachten konnte: Trinkende Tiere sind dort leichte Beute für Pythons.

Die antiken Tierbücher bieten reichlich anekdotisches Material über große Schlangen, auch in Anatolien, vergleichbar den heute noch im tropischen Afrika kursierenden Geschichten. Riesenschlangen waren der Antike in Form der modernen Gattung *Python* (Boidae: Pythoninae oder eigene Familie Pythonidae) aus dem Sudan bzw. aus Indien bekannt. Zwei biologische Arten kommen als Vorbilder in Frage. Die lediglich allgemeinen Merkmale der Zeichnungen des Zographos erlauben keine Zuweisung. Eine Bestimmung der Art hängt wesentlich davon ab, ob die Szene (und der Elefant) **V16** eher Afrika oder Indien zuzuordnen ist (s. u.).

Über beide Arten Elefanten und zugehörige Riesenschlangen berichtete Plinius (nat. hist. VIII 7–14). **Afrikanische** Elefanten traten in großer Zahl, zwischen 17 und 20, im Jahre 55 v. Chr. unter Pompeius in der Arena auf; 20 im Jahre 46 v. Chr. unter dem 3. Konsulat Caesars. Dieser hatte wahrscheinlich Afrikanische Elefanten und auch die im selben Jahr in Rom auftretende Giraffe aus Alexandria mitgebracht (**V21**). Später, unter Claudius und Nero, sind nur noch einzelne Elefanten bezeugt. Es folgen korrekte Angaben über das Vorkommen in Afrika. Die größten Elefanten gebe es dagegen in **Indien**, in Feindschaft lebend mit Schlangen entsprechender Größe, die „einen Elefanten leicht umschlingen und in den Windungen des Knotens ersticken können". Der Kampf, der danach ausführlich beschrieben wird, findet zugleich sein Ende für beide. **Äthiopien** bringe Schlangen hervor, die mit 20 Ellen Länge (ca. 8,8 m) den indischen gleichkommen. Die meisten gebe es in Afrika bei den Asachäern, an deren Seeküste sich 4–5 Schlangen verflechten und auf der Suche nach Nahrung mit erhobenen Köpfen als Segeln über das Meer nach Arabien schwimmen sollen. Eine bemerkenswerte Geschichte.

Bei Aelian finden sich einerseits von anderen Autoren übernommene übertriebene Längenmaße aus **Indien**, wobei zur Umrechnung ein cubitus zu 0,44 m angenommen wurde; Aelian (nat. anim. XV 21): Eine verehrte Schlange von 70 cubita = 30,8 m, soll Alexander gesehen haben; Aelian (nat. anim. VI 32): bei den Scirata, einem Volk jenseits Indiens, wüchsen „serpentes maximi" heran, welche Schafe raubten und aussaugten, und derselbe (nat. anim. XVI 39): Onesikritos Astypalaios schreibt, dass in Indien zwei „dracones" vom Flusse Aposisares ernährt würden, eine sei 46 cubita = 20,24 m, die andere 80 cubita = 35,2 m lang gewesen. Alexander habe sie dringend zu sehen begehrt. Diese Maße sind auch unter der Annahme, dass früher die Tiere, da ungestört, zu bedeutender Größe heranwachsen konnten, absolut unglaubwürdig. Diese Riesenschlangen aus Indien sind Tigerpythons, *Python molurus*.

Andererseits gibt der Praenestiner Aelian, Kenner des berühmten Nilmosaiks seiner Heimatstadt, für **afrikanische** Riesenschlangen durchaus realistische Maße. Offenbar lagen ihm zuverlässige Quellen aus den „Büchern der Ägypter" vor. Aelian (nat. anim. XVI 39): „Regnante Philadelpho, duos item ex Aethiopia dracones in Alexandriam deportatos fuisse vivos *Aegyptiorum libri* testantur, alterum magnitudine quatuordecim (6,16 m), alterum tredecim cubitorum (5,72 m)." („Aus der Zeit der Herrschaft des Philadelphus, bezeugen die ‚Bücher der Ägypter', seien zwei Schlangen lebend von Äthiopien nach Alexandria verbracht worden, die eine von 14, die andere von 13 cubita Länge".) Die beiden Stücke von realistischer Größe begegnen auf dem Mosaik von Praeneste. Agatharchides (V Fr. 78 = Diod. III 36, 1), der sich als Augenzeugen darstellt, schilderte das Einfangen einer 30 Ellen (= 13,2 m) langen Riesenschlange in „Äthiopien" mit Hilfe einer Reuse nach einem zunächst erfolglosen, zwei Opfer fordernden Versuch (Woelk 1966: 60–62). Bodson (1980) erklärte diese Schilderung für übertrieben. In Kenntnis menschlicher Opfer der Assala, auch aus jüngster Zeit (Abb. 51) ist dem offenbar nicht so. Die Schlange wurde lebend nach Alexandria gebracht und von Ptolemaios als Merkwürdigkeit Fremden gezeigt. Die weit übertriebene Länge entspricht etwa der des vom Zographos dargestellten Kampfpartners eines Elefanten.

Weiter nach Aelian (nat. anim. XVI 39): „Euergetis regis temporibus tres etiam advectos fuisse, unum novem (3.96 m), alterum septem cubitorum (3,08 m), tertium magna cura in Aesculapii templo nutritum fuisse aiunt Aegyptii." („Zur Zeit des Königs Euergetes seien ebenfalls drei herangebracht worden, eine von 9, die andere von 7 cubita Länge, die dritte sei mit großer Sorgfalt im Tempel des Äskulap gehalten worden, wie die Ägypter sagen".) Die Größe der dritten wird verschwiegen. Für sie begegnet uns der Tempel des Äskulap als Ort der Tierhaltung. Zum Vergleich: „Atque etiam aspides quatuor cubitorum (ca. 1,80 m) magnitudine nasci iidem referunt Aegyptii." („Dieselben Ägypter berichten, dass auch Kobras vier cubita Länge erreichten".) Hiermit gibt Aelian auch für eine große Kobra (**V25**) ein biologisch zutreffendes Längenmaß wieder.

Den **Nördlichen Felsenpython** oder die **Assala** *Python sebae* (Gmelin, 1788) aus Afrika gibt in den schon erwähnten zwei Exemplaren das Nil-Mosaik von Praeneste wieder, das im Kern auf einem Bericht Ptolemaios' II. Philadelphos (Regierungszeit 285–246) über eine Expedition nach Meroe beruht (Steinmeyer-Schareika 1978). Nach Aelian (nat. anim. XVI 39) wurden insgesamt fünf Riesenschlangen zur Zeit Polemaios' II. Philadelphos und Ptolemaios' III. Euergetes (Regierungszeit 246–221) nach Alexandria gebracht. Der Felsenpython war dem zu Folge in Alexandria ein bekanntes Tier. Er ist im tropischen Afrika nördlich des Äquators weit verbreitet. Er wird 6–7 m lang. Er ist ein geschickter Lauerjäger, der auch Menschen gefährlich werden kann. In Gefangenschaft kann ein Felsenpython deutlich über 20 Jahre alt werden, frei lebend mit Bestimmtheit älter. Die Nordgrenze seiner Verbreitung hat sich in den letzten 2000 Jahren weit nach Süden verlagert im Zuge von Verfolgung (Schadensabwehr, Verzehr, Medizin) und Desertifikation. Nordafrikanisches Vorkommen bezeugt Plinius (nat. hist. VIII 14, 37). Ihm zu Folge wurde am Fluss Bagrada im Punischen Krieg vom Feldherren Regulus eine Riesenschlange erbeutet, deren Schädel und Haut bis zum Numantinischen Krieg in einem Tempel in Rom gezeigt wurden. Ihre (weit übertriebene) Länge wird mit 120 Fuß (ca. 36 m) angegeben.

Der **Tigerpython** *Python molurus* bewohnt Teile Südasiens. Auch er kann über 6 m lang werden. Die 2002 angeblich in Indonesien gefangenen und in einem Zoo ausgestellten Pythons von 14 m Länge sind allerdings eine Zeitungsente.

Die Gesandtschaft eines indischen Königs Poros führte im Jahre 20 v. Chr. in Daphne bei Antiochia (Antakya) neben großen Giftnattern (ἐχίδνας μεγάλας, „echidnas megalas") eine Riesenschlange (ὄφιν πηχῶν δέκα, „ophin pechon deka") von realistischen zehn Ellen, etwa 4,40 m Länge, mit sich (vgl. Kapitel 5.4).

Diese Tiere waren neben anderen als Geschenk für Kaiser Augustus gedacht, der sich im Winter 20/19 auf Samos aufhielt. Sie gelangten wahrscheinlich via Alexandria nach Rom (vgl. Kapitel 5.4). Nach Sueton (Augustus 43, 4) habe der Princeps später auf dem Forum Romanum, vor dem Comitium (dem Platz der Volksversammlung), eine Schlange von 50 cubita (= 22 m) zeigen lassen, zwar mit übertriebenen Maßen, doch wahrscheinlich das gleiche Individuum, das dem Zographos als Modell für den Elefantenkampf diente. Diese Vorweisungen veranstaltete Augustus mehrfach auch außer der Reihe, um Besonderheiten zu zeigen, etwa für ein Nashorn (auch aus Indien?), einen Tiger (**V31**) und für die oben genannte Riesenschlange (**V16b**): „Solebat etiam citra spectaculorum dies, si quando quid invisitatum dignumque cognitu advectum esset, id extra ordinem quolibet loco publicare, ut rhinocerotem apud Saepta, tigrim in scaena, anguem quinquaginta cubitorum pro Comitio." („Er pflegte über die Tage der Schaustellungen hinaus, wenn irgendwann etwas Ungesehenes und Wissenswertes gebracht worden war, dieses außer der Reihe an einem beliebigen Ort vorzuzeigen, wie ein Nashorn bei den Saepta Iulia [d. h. dem Volksversammlungsplatz auf dem Marsfeld], einen Tiger in der Scaena [d. h. im Theater], eine Schlange von 50 cubita Länge vor dem Comitium".)

Sueton (Tiberius 72, 2) erwähnte eine Riesenschlange („serpens draco") als Haustier des Kaisers Tiberius (Regierungszeit 14 bis 37 n. Chr.), die wohl bald nach dessen Regierungsantritt im Jahre 14 n. Chr., an Altersschwäche verendet, von Ameisen angefressen wurde. „Erat in oblectamentis serpens draco, quem ex consuetudine manu sua cibaturus cum consumptum a formicis invenisset, monitus est ut vim multitudinis caveret." („Zum Zeitvertreib hielt er sich eine Riesenschlange, die er, als er sie wie gewöhnlich eigenhändig füttern wollte, von Ameisen verzehrt vorfand; eine Warnung für ihn, sich vor der Gewalttätigkeit der Masse zu hüten".) Es handelte sich wahrscheinlich immer noch um das gleiche Individuum, geerbt von Augustus, mittlerweile in einem Alter von etwa 40 Jahren. Seine bekannten Stationen sind Gujarat in Indien (Herkunft), Daphne (Brief des Nikolaos), Alexandria (Zeichnung des Zographos), Rom (Schaustellung durch Augustus), Rom (Tod als Haustier des Tiberius).

Riesenschlangen waren eine Sensation. Seit Ptolemaios II. Philadelphos waren etwa 250 Jahre lang keine mehr in den hellenistischen Kulturkreis gelangt. Daher ist es legitim, die Nachrichten aus der Zeit des Augustus und Tiberius auf ein einziges Individuum zurückzuführen.

Der Zographos stellt somit einen Tigerpython (*Python molurus*) aus Indien dar, den er entweder selbst oder auf entsprechenden Bildquellen gesehen hat. Dafür kann die zeitliche Nähe zur Schaustellung dieser seltenen Schlange und die Zeichnung der Fabel vom Kampf der Schlange mit dem Elefanten angeführt werden. Die Fabel ist wahrscheinlich indischer Herkunft und wurde wohl anlässlich der Ankunft des indischen Tigerpythons wieder ins allgemeine Bewusstsein gerückt. Eine Unterscheidung der Arten im Sinne der modernen Zoologie erfolgte damals nicht.

Kampf zwischen Elefant und Riesenschlange (V16)

Die regionale Zuordnung ist für die zoologische Identifikation der beteiligten Arten entscheidend. Diodorus Siculus (III 10, 5–6) erwähnte riesige Schlangen, welche die Elefanten an Wasserstellen angreifen. Agatharchides (V Fr. 78 = Diod. III 36–37) beschrieb eine ähnliche Szenerie. Von δράκοντες οἱ ἐλεφαντομάχοι, „mit Elefanten kämpfenden Riesenschlangen", auf der „Insel" Meroë berichtete Strabon (geogr. XVII 2, 2). Möglicherweise wurde tatsächlich einmal beobachtet, wie ein besonders großwüchsiger Python einen jungen Elefanten attackierte – mit ungewissem Ausgang. Es kann somit ein wahrer Kern enthalten sein. Entscheidend ist, wo die Beobachtung erfolgte: Alle genannten Autoren lokalisieren sie in Afrika. Nur Plinius (nat. hist. VIII 32–34) verlegt den Kampf der Elefanten mit großen Schlangen nach Indien. Für Indien spricht auch der Kontext des Artemidor-Papyrus, der offenbar einen Indischen Elefanten abbildet, konsequenterweise verstrickt mit einer Indischen Riesenschlange (**V16**).

In weitaus späteren indischen Texten bezeichnet dasselbe Wort „naga" Schlange oder Elefant. *Nagaraja* ist der Schlangen- oder Elefantenkönig. Im Matangalila (Zimmer 1981) wird vom schlangenhaften Wesen des Elefanten berichtet: Sein Rüssel ist dick und lang, damit schlangenartig. Hier liegt wohl eine Wurzel für die legendäre Zusammenführung der beiden Tierarten. Im Gegensatz dazu steht die Gefährlichkeit der Schlangen für Elefanten. Der Kampf beider Tiere, von dem in indischen Elefantenerzählungen berichtet wird, endet mit beider Untergang. Möglicherweise übertrugen die hellenistischen Autoren eine Legende, die sie aus Indien kennen gelernt hatten, beim Anblick afrikanischer Riesenschlangen unkritisch auch auf diese.

Allerdings zeigt u. a. der Davis Elfenbeinkamm aus dem späten Gerzean zweimal drei Reihen von Afrikanischen Elefanten, welche jeweils auf einem Python von mehr als ihrer Länge stehen (Osborn & Osbornová 1998: fig. 1–10). Dies lässt wiederum einen alten afrikanischen Ursprung der besonderen Beziehung zwischen Riesenschlange und Elefant vermuten.

V17 Teufelsrochen – *Mobula mobular* (Bonnaterre, 1788)
ταῦρος – taúros
(Chondrichthyes, Batoidea, Myliobatidae)

Gezeigt wird ein nach links abtauchendes Tier mit abgesetztem Kopf. Dieser endet in einem schnabelartigen Maul, über dem das linke Auge und darüber das linke der paarigen Spritzlöcher sichtbar sind. Der Kopf ist mit einer Art gezackter Halskrause vom Körper abgegrenzt, die an die Wale auf der Carta Marina von Olaus Magnus (1532) erinnert. Der ovale, fassartige Körper ist durch eine Linie in einen schmaleren Bauch- und einen umfangreicheren, teilweise dunkel tingierten Rückenbereich geteilt. Er trägt eine schmale, spitz zulaufende linke Brustflosse und auf dem Vorderrücken zwei spitze „Hörner". Dem Körper folgt ein gerader Schwanz von der Länge des Kopfes und Rumpfes zusammen. Er ist undeutlich mit Stacheln oder Schuppen besetzt (Abb. 53).

Der Name wird als ταῦρος, „Stier" gelesen (Gallazzi, Kramer & Settis 2008: 378). Das Vorbild sollte dessen charakteristischste Eigenschaft, nämlich „Hörner", aufweisen.

Das Tier ist nach einer ungenauen Beschreibung angefertigt. Es wird für einen Fisch gehalten, was die manieristische Ausführung des Schnabels und die Trennung von Kopf und Rumpf durch die „Halskrause", eine Art von Kiemendeckel-Rand, nahe legt.

Für eine Deutung von Namen und Bild kommt vor allem der gehörnte Teufelsrochen des Mittelmeeres in Frage, vgl. „bous" nach Aristoteles bei Auber & Wimmer (1868: 146) und Thompson (1947: 34). Die Einzelheiten der Zeichnung jedoch stimmen nicht gut mit dieser Art überein. Das Tier müsste flach und breit sein: „eurytatos", der breiteste unter allen Fischen (Oppian, hal. II 142) bzw. „platytatos", der flachste (Aelian nat. anim. I 19). Die zu erwartenden breiten, flügelartigen Brustflossen fehlen auf den ersten Blick und damit das in der Antike bekannte und genannte auffälligste Merkmal. Vielleicht verbirgt sich in der undeutlich schraffierten Zone unter dem Rücken andeutungsweise die linke Flosse, in dem unter dem vorderen Rumpf herausragenden Zipfel, perspektivisch, die Spitze der rechten Brustflosse. In beweiskräftiger Übereinstimmung mit dem Teufelsrochen steht die Darstellung des Schwanzes, der wie beim Hammerhai (**V18**) mit einer rauen Haut bedeckt ist, Andeutung der für Knorpelfische charakteristischen Placoidschuppen. Die Namen gebenden „Hörner", die „Kopf-Flossen", sind aus dem funktionalen Verbund seitlich des Mundes herausgenommen (vgl. ganz entsprechend die unnatürliche Anordnung der Augenstiele beim Hammerhai) und verselbständigt auf dem Vorderrücken platziert. Der Teufelsrochen ist in geringer Dichte, jedoch regelmäßig im Mittelmeer anzutreffen.

Als Alternative ist die Orca, der Schwertwal *Orcinus orca,* zu vergleichen, der in geringer Frequenz auch im Mittelmeer vorkommt. Allerdings fehlen auf der Zeichnung die auffallenden Schwanzfluken. Seine „Hörner" beziehen sich nur auf weiße Streifen auf dem dunklen Körper. Ihnen verdankt die Orca den Namen „aries", „Widder" (Abb. 52). Plinius (nat. hist. IX 145) schreibt über „arietes", „Seewidder", die in Gallien, in der Lugdunensis im Bereich der Seinemündung, bei der nicht identifizierten Insel Rumu sowie im Gebiet der Santonen (bei Bordeaux) am Atlantik bei Ebbe gestrandet waren. Nach Aelian (nat. anim. XV 2) raubten „krioí thaláttioi", „Seewidder", in der Meerenge zwischen Sardinien und Korsika (fretum Gallicum; vielleicht verwechselt mit dem „fretum Gaditanum" bei Gades) lebendige Menschen; so auch Plinius (nat. hist. IX 145), nach dem der „aries", „Widder", raubt und mordet wie ein Bandit. Nach Aelian hat das Männchen eine weiße Stirnbinde, wie das Diadem eines makedonischen Königs, nach Plinius (nat. hist. IX 12 f.) eine weiße Zeichnung anstatt der Hörner. Er nennt die gleichen Tiere im gaditanischen Ozean „orcae" und beschreibt sie zutreffend als Feinde der großen Wale. Die „orca" im Hafen von Ostia (Plinius nat. hist. IX 14 f.), deren Erlegung detailliert beschrieben wird, wird ihrer Größe nach meist als Pottwal gedeutet. Überzeugender ist jedoch nach ihrer Wehrhaftigkeit und ihrem bekannten Strandungsverhalten, hier zum Erwerb einer ungewöhnlichen Beute (nämlich roher Häute aus einer gestrandeten Schiffsladung) ihre Identifikation als Schwertwal (Notarbartolo-di-Sciara 1987, dort Übersicht über weitere Vorkommen im Mittelmeer). Ein ähnlicher Wal mit „Kiemendeckeln" ist auf der Nordatlantik-Karte von Olaus Magnus (1532) eingezeichnet.

Die Zeichnung des „taúros" auf dem Artemidor-Papyrus bezieht sich jedoch, wenn auch undeutlich, auf den Teufelsrochen, nicht auf den „áries", Schwertwal. Sie leidet darunter, dass sie nur nach dem Hörensagen bzw. aus dem Gedächtnis gefertigt wurde und/oder dass wie bei anderen Zeichnungen von Wassertieren keine klare räumliche Perspektive gelang.

V18 Hammerhai – *Squalus zygaena* Linnaeus, 1758

ζύγαινα – zýgaina

(Chondrichthyes, Selachoidei, Sphyrnidae)

Der Name ist leicht als „zýgaina“ zu lesen (Gallazzi, Kramer & Settis 2008: 381). Ihm liegt ein Vergleich mit einem paarigen Joch, ζυγός, „zygós“, auf den Hörnern des Zugochsen zu Grunde und führt zur Deutung als Hammerhai nach dessen auffallender Kopfform. Wahrscheinlich sind sogar die Hörner selbst das *tertium comparationis*, findet sich das Wort doch wieder in der gehörnten „Ziege“ oder in „ziehen“, der Tätigkeit, die der Ochse mit Hilfe des Jochs zu verrichten hatte. Schon Aristoteles gebrauchte „zýgaina“ für den Hammerhai. In der modernen Zoologie ist *Zygaena* eine Schmetterlings-Gattung („Widderchen“).

Die Zeichnung zeigt ein Wassertier mit einem rundlichen Kopf mit „Auge“, den eine lange, schnabelförmige Schnauze nach links fortsetzt. Terminal trägt sie ein Paar von dünnen Ausläufern, dem Hammer, an dessen Enden nochmals Augen zu erkennen sind. Die Perspektive wechselt dazu vom strengen Profil in Richtung Aufsicht. Zusätzlich trägt das Tier zwei nach vorn gerichtete Hörner auf dem Oberkopf. Am Kinn tritt ein dünner Bart auf. Der Kopf ist nach unten mittels eines undeutlich erhaltenen Halses in einer S-förmigen Biegung mit dem waagerecht liegenden Körper verbunden. Dieser ist stromlinienförmig und durch eine längs verlaufende Linie in einen dunkleren Rücken und helleren Bauch geschieden. Er trägt beiderseits doppelte Brustflossen und auf dem Rücken eine für Haie charakteristische Dreiecksflosse. Den Abschluss bildet ein undeutlich gegliederter Schwanz, der erst nach oben, dann nach unten gebogen ist und schließlich in einem Paar spitzer Flossen-Zipfel ausläuft. Seine Oberfläche ist rau, wohl eine Wiedergabe der Placoidschuppen der Chondrichthyes. Ähnlich ist der Schwanz beim Teufelsrochen (**V17**) gestaltet (Abb. 54).

Die vorliegende Zeichnung ist die erste bekannte Abbildung eines Hammerhaies in der Antike. Der Hammerhai war, den zahlreichen Erwähnungen bei antiken Autoren zu Folge, damals gut bekannt (Thompson 1947: 74). Er ist im Mittelmeer verbreitet, mit abnehmender Tendenz.

V19 Ein Greif raubt einen jungen Leoparden

V19a Bartgeier – *Gypaetus barbatus* Linnaeus, 1758
γρύψ – gryps
(Aves, Accipitres, Gypaetidae)

Ein großer Greifvogel fliegt nach links. Mit Adlerkopf, der krumme Schnabel ist geschlossen, am Unterkiefer ein „Zeremonialbart". Nach vorn gerichtete (?Feder-) Ohren, auf der Mittellinie des Nackens eine aus großen Federn gebildete Mähne. Sehr große, schmale Vogelflügel. Rumpf mit Schultern und vordere Pranken eines „Löwen" mit starker Brustmuskulatur (aus der hier und bei anderen Darstellungen in dieser Tradition ein kleiner Busen gestaltet wird). Die Pranken können leicht als die stark „behosten" Beine eines Greifvogels gedeutet werden, speziell des Bartgeiers. Sie fassen einen (vielleicht auch zwei) Leoparden, der in Folge geringerer Größe im Vergleich mit dem Muttertier am Boden für ein Jungtier gehalten werden kann (**V19b**). Am Hinterende der Beute ein unnatürlich langer, mit einer geringen Quaste versehener Schwanz, wie ihn auch das Muttertier aufweist. Die Beute ist durch Lücken im Papyrus in drei Teile zerlegt: (1) Kopf, Vorderbeine und vorderer Hälfte des Rumpfes. (2) hintere Hälfte des Rumpfes und zwei herabhängende Hinterbeine, davon eines abgetrennt und verschoben. Dazwischen kleine Fragmente mit Fell-Fleckung unklarer Zuordnung. (3) Ende des Rumpfes (mit Teil eines Hinterbeines) mit langem Schwanz, gestaltet wie der des Muttertiers, der hinterher flattert (Abb. 55, 56).

Der Vogel wird als Greif interpretiert in Übereinstimmung mit dem beigefügten Namen. Bildliche Vorlagen gibt es aus Mesopotamien, eine sehr ähnliche auf dem Wandfries von Marissa (Meyboom 1995: pl. 60), schriftliche bei Ktesias. Die beigefügten Namen γρύψ und π̣όρ̣[δαλις] (pordalis) nach Gallazzi, Kramer & Settis (2008: 384, dort philologische Einzelheiten) bestätigen prinzipiell die Aussage der Zeichnung. Das Wesen entreißt einen jungen Leoparden seiner Mutter. Das Wort „gryps" ist stammverwandt mit „greifen". Es ist zugleich mit seinem Anklang an „gyps" ein ursprünglicher Name für den Bartgeier, der bei anderen Autoren als lat. „ossifraga" wiederkehrt und dort, in Übereinstimmung mit der modernen Systematik, nicht als ein Geier der Gruppe „vultur", sondern als eine eigenständige Kategorie betrachtet wird (Abb. 57, 58).

Zur Deutung gibt es zwei Ebenen. Der Greif kann als mythologische Kunstfigur betrachtet werden. Er bedarf dann keiner weiteren zoologischen Interpretation. Es kann jedoch auch hinterfragt werden, welches reale Tier die Grundlage für das Bild und vielleicht auch die Vorstellung des Greifen gegeben hat. Leicht ist eine Mischung zwischen dem Protom mit Kopf und Flügeln eines Greifvogels sowie dem Körper eines Löwen zu erkennen. Das Bild des Zographos lässt jedoch den Rumpf und die Hinterbeine des Löwen vermissen, wobei nicht sicher zu entscheiden ist, ob dies Mängeln des Erhaltungszustands zuzuschreiben ist oder mit Absicht so festgehalten wurde. Jedenfalls wird dadurch die Frage möglich, ob hier gar kein zwitterhafter Greif, sondern ein homogener Greifvogel gemeint ist, der zu einer biologischen Art führt. Möglicherweise ist statt zweier nur ein Jungleopard mit den einzig vorhandenen Vorderbeinen des Greifen erfasst worden, zumal auch nur ein Schwanz gezeichnet wurde.

V19b Leopard – *Panthera pardus* (Linnaeus, 1758)

πόρδαλις (lies πάρδαλις) – pórdalis
(Mammalia, Carnivora, Felidae)

Am Boden in Vegetation, nach links, nach oben schauend und vergebens hochspringend, eine Großkatze mit Fleckenzeichnung, mit auffallend langem Schwanz (Manierismus) und manieristischer Andeutung einer Quaste am Ende. Mit ihrem kleinen Kopf, den relativ langen Beinen, der raschen Bewegung in offenem Gelände könnte es sich um einen Geparden handeln. Dessen Junge sind für einen „Greif" allemal leichter zu erbeuten als die eines in gedecktem Gelände lebenden Leoparden. Allerdings sind Ringflecken eingezeichnet, wie sie der Leopard aufweist. Daher bleibt es beim Leoparden, zu dem der Name „pardalis" passt.

Man kann sich mit einer konventionellen Deutung der Zeichnung als „Greif" mit Beute begnügen (s. o.). Sie entspricht der umfangreichsten verfügbaren Beschreibung des Greifen bei Aelian (nat. anim. IV 27), allerdings nach dem Zeugnis des erwiesenermaßen unzuverlässigen und übertreibenden Ktesias: „Gryphem, Indicum animal, audio similiter quadrupedem, ut leonem, esse; robustissimis item existere unguibus, leonum similibus; tum dorsum eius pennis indui nigris, anteriorem corporis partem rubris, alas vero candidis. Ctesias eos ait (cervicis pennas coeruleas et floridas habere), aquilino ore esse et capite eiusmodi pictores fingunt; oculis autem igneis, nidosque in montibus facere, utque aetatis processu grandes non capi, ita eorum pullos comprehendi posse. Bactri autem Indis finitimi eos illic auri custodes esse, aurumque effodere aiunt, et simul eo ipso nidos construere; quod vero auri in terram deciderit, Indos homines auferre…" („Ich vernehme, dass der Greif, ein Tier aus Indien, vierfüßig wie ein Löwe sei; er habe nämlich wie ein Löwe sehr starke Krallen; sein Rücken sei bekleidet mit schwarzen Federn, der Vorderkörper mit roten, dagegen die Flügel mit weißen; Ktesias sagt, dass sie blaue und buschige Nackenfedern haben, ein Gesicht und einen Kopf wie ein Adler so wie es die Maler darstellen. Er habe jedoch feurige Augen, lege seine Horste im Gebirge an, damit sie, groß geworden mit fortschreitenden Alter, nicht gefangen, noch ihre Jungen ergriffen werden können. Die Baktrier jedoch, Nachbarn der Inder, sagen, sie seien Wächter des Goldes, das sie ausgraben und aus dem sie die Horste erbauen; was vom Gold auf die Erde fällt , sollen die Menschen aus Indien wegtragen…").

Ein erster Goldwächter (vgl. **V22**). Die Darstellung des Zographos lässt besser als andere erkennen, dass der Bartgeier *Gypaetus barbatus* das Vorbild für den Greifen abgegeben hat, zumindest für Protom und Flügel. Mit dem Bartgeier stimmen bis auf „Ohren" (sie entstanden aus dem nach hinten verlängerten Zügelstreif des Bartgeiers) alle erkennbaren Merkmale überein. Seine Augen (Iris) sind auffallend goldgelb. Sein Vorderkörper ist durch Einfärbung mit Tonerde rötlich, er nistet in Bergen (auch Baktriens) und ist als *adultus* schwer zu erlangen. Der in Wort und Bild (vgl. Keller II, 1913: Taf. 1, 2, Münze aus Kyrene) in der Antike mehrfach belegte Bartgeier, „ossifraga", tritt am Aas überwiegend als Spezialist für große Knochen auf, die er durch Fallen lassen aus großer Höhe mundgerecht macht; ebenso behandelt er regelmäßig auch Schildkröten: Nach Plinius (nat. hist. X 7) wurde angeblich der Dichter Aischylos 456 v. Chr. in Gela von einer herabfallenden Schildkröte erschlagen. Der Bartgeier greift jedoch auch lebende Tiere mittlerer Größe, häufig auch Jungtiere größerer Arten, und er hat nachweislich auch schon Menschenkinder geraubt. Die Szene kann sowohl aus Baktrien als auch aus Afrika stammen: Bartgeier und Leopard kamen in beiden Regionen sympatrisch vor.

Zu vergleichen ist der weit später entstandene Greif von Piazza Armerina, dessen Ähnlichkeit im Kopfbereich eine Anlehnung an die Zeichnung des Zographos bzw. seiner Vorlage nahe legt (Abb. 59).

V20 Pottwal – *Physeter macrocephalus* Linnaeus, 1758
οὐρανοσκόπος – uranoskópos
(Mammalia, Cetacea, Odontoceti, Physeteridae)

Der Name wurde als „uranoskópos“ gelesen (Gallazzi, Kramer & Settis 2008: 388) in der Bedeutung „Himmelsgucker“. Wale müssen zum Atmen an die Wasseroberfläche und sind dadurch zwangsläufig zur Luft und zum Himmel hin gewendet.

Dargestellt ist ein offenbar größerer Wal mit auffallend rundem Vorderende, „Mundspalte“ terminal, mit Andeutung von Zähnen. Der schräg von oben gesehene Körper ist massig und dunkel. Sehr unregelmäßig sind hellere und dunklere Flächen verteilt. Eine feine Linie trennt den Rumpf annähernd in zwei Hälften, was gut zum Rückenkamm des Pottwals passt. Der Kopf ist zugleich von oben oder nach Ausweis der „Mundspalte“ von der Seite dargestellt. Ein kleiner Kreis deutet das Blasloch an. Paarige, zu spitze (s. Kap. 5.8 Manierismen) Brustflossen in asymmetrischer Lage sind vorhanden. Ebenfalls asymmetrisch ist die waagerechte, geteilte Schwanzfluke dargestellt, die eine Ansicht vom Rücken her unterstützt (Abb. 60, 61).

Wale wurden in der Antike nach Toynbee (1983: 198) praktisch nie abgebildet. Gallazzi, Kramer & Settis (2008: 390) vergleichen das Tier mit einem Mosaik von Anazarbus in Kilikien (6. Jh. n. Chr.), welches ein langgestrecktes Wassertier mit plumpem Kopf und einem oben liegenden Auge zeigt. Möglicherweise ist dort mit dem „Auge“ wie im vorliegenden Falle das Blasloch gemeint, denn die paarigen Augen des Pottwals sind unauffällig. Man vergleiche auch die volkstümliche Deutung von Kiemenöffnungen der Neunaugen als „Augen“. Allerdings ist die genannte Abbildung der Lage des Mundes sowie den traditionellen Anhängen am Kopf zufolge zweifellos ein von der Seite gesehener Delphin.

Die Abbildung des Zographos passt am besten auf einen Pottwal. Die Zitate zum Namen bei Thompson (1947: 74) verweisen auf ein großes Wassertier. Plinius (nat. hist. XXXII 69) erwähnt „uranoscopus vocatur ab oculo, quem in capite habet", ein Auge mitten auf dem Kopf, zweifellos das Blasloch. Aelian schreibt der Art eine relativ große Leber zu. Der Pottwal wird von Plinius (nat. hist. IX 10) als „physeter" aus dem Gallischen Meer beschrieben, ein Name, welcher die Auftreibung der Kopfregion gut kenntlich wiedergibt. Nach Turrianus bei Plinius (nat. hist IX 11) strandete ein sehr großer Zahnwal bei Gades, wohl ebenfalls ein Pottwal. Andere Zuweisungen aus der Antike sind weniger überzeugend.

Der Pottwal tritt im westlichen Mittelmeer in einem festen Wanderzyklus auf (Bolognari 1951), im östlichen Mittelmeer nur vereinzelt (Kinzelbach 1986). Er ist als solcher erkennbar in der Erzählung von Jonas im Bauch des „großen Fisches" in der Septuaginta, der in hellenistischer Zeit entstandenen griechischen Übersetzung des Alten Testaments (LXX, Jon. 2,1: κῆτος μέγα) und in Papyri der koptischen Übersetzung aus dem 3., 4. und 6. Jh. n. Chr. (Jon. 2,1 ⲟⲩⲛⲟϭ ⲛ̄ⲕⲏⲧⲟⲥ). Wahrscheinlich lag ein bei Alexandria gestrandetes Tier zu Grunde, vielleicht dasselbe Exemplar, das dem Zographos als Bildvorlage diente. Der Pottwal wurde in historischer Zeit noch mehrfach in der Nähe von Alexandria angespült.

Der in der Zoologie heute so genannte Himmelsgucker *Uranoscopus scaber* des Mittelmeeres kommt auf gar keinen Fall in Frage. Er ist ein Fischlein von 20 cm Länge ohne geteilten Schwanz. Maul und Augen sind nach oben gerichtet. Er trägt vorn eine kleine Stachelflosse, auf die eine lange Weichflosse auf dem Rücken folgt. Keine sichtbare Seitenlinie oder Farbgrenze auf den Flanken. Sein in Volkssprachen am Mittelmeer verbreiteter Name, z. B. ital. „uranoscopo", ist eine Parallelbildung (Abb. 62).

V21 Giraffe – *Giraffa camelopardalis* (Linnaeus, 1758)
καμηλοπόρδαλις (lies καμηλοπάρδαλις) – kamelopórdalis
(Mammalia, Artiodactyla, Giraffidae)

Der Zographos hat die Zeichnung entweder von einer Vorlage übernommen oder das Tier selbst gesehen, wohl im Zoo von Alexandria. Die Schnauze ist gut getroffen, die Hörner sind zu spitz, der Bauch ist etwas sehr tonnenförmig. Die Fellflecken sind rund gehalten und stehen in weiten Zwischenräumen. Dieses Muster ist nicht sehr naturgetreu; es entspricht am ehesten der Sahara- oder Westafrikanischen Giraffe *G. c. peralta* Thomas, 1898 (Abb. 63). Auf älteren Darstellungen ist das Netzmuster manchmal völlig weggelassen (Reiter 2008, 6AC; Lange & Hirmer 1967: pl. 3 oben, eine Schminktafel im Louvre).

Mit dem Namen „kamelopórdalis“ (Gallazzi, Kramer & Settis 2008: 392), der in der normalen Form „kamelopardalis“ vielfach überliefert ist, stimmt die Abbildung überein.

Die immer nur vereinzelt in die Welt der Mittelmeerkulturen und weit später auch nach Mitteleuropa verbrachten Giraffen erregten stets großes Aufsehen. In Oberägypten in prähistorischer Zeit noch frei lebend, für die „Insel Meroë“ im nordöstlichen Sudan noch immer in freier Natur auf dem Nilmosaik von Praeneste abgebildet, dargestellt auch auf dem Bildfries von Marissa. Im Alten Ägypten in abnehmender Frequenz immer wieder in Gefangenschaft dargestellt (Abb. 65). Ihr Bild existiert auch als Hieroglyphe (Osborn & Osbornová 1998: 148–151).

Einzelheiten zur Giraffe z. B. bei Plinius (nat. hist. VIII 69), der für sie auch *fide* Juba, des Königs von Mauretanien, den Namen „nabu“ bezeugt. Plinius erwähnte (neben Varro, Horaz, Dio Cassius) die erste Giraffe in Rom, die im Jahr 46 v. Chr. von Gaius Julius Caesar aus Alexandria beigebracht wurde. Möglicherweise ist dasselbe Tier in Rom mit Wärter und einer Glocke am Hals im Columbarium der Villa Doria Pamfili auf einem Wandbild dargestellt (Keller I, 1909: 484–485, fig. 90) (Abb. 64). Es könnte dem schütteren Fleckenmuster zufolge auch mit dem vom Zographos abgebildeten Stück identisch sein. Denn die nächsten Lieferungen von Giraffen nach Rom erfolgten erst im 3. Jahrhundert für die Kaiser Gordian II., Aurelian und Gordian III. (vgl. Toynbee 1983: 127 ff.).

Daraus ergibt sich ein Modell für ein Zeitszenario (vgl. Kapitel 5.9). Der Zographos könnte das Tier in Alexandria im Jahre 46 v. Chr. noch selbst als Kind oder junger Mann gesehen haben. Im Jahr 20 v. Chr. könnte er in mittlerem Alter den Tiger und die anderen indischen Tiere der Gesandtschaft in Alexandria selbst gesehen haben. Etwas später, vielleicht zwischen 20 und 10 v. Chr., hat er möglicherweise aus dem Gedächtnis die vorliegenden Tierzeichnungen mit geübter Hand zu Papyrus gebracht. Dies würde zu der Annahme passen, dass das Recto noch in der Zeit der Kleopatra oder des frühen Augustus geschrieben sein könnte (Reiter 2008: 13).

In der späteren Kaiserzeit wurden Giraffen nicht selten und in vielen anderen Städten gezeigt. Sie wurden auf römischen und byzantinischen Mosaiken dargestellt (Gallazzi, Kramer & Settis 2008: 392). Im Mittelalter ist die Giraffe erstmals genannt bei Friedrich II. (Kinzelbach 2008b). Es folgen viele weitere Zeugnisse für das Tier (Dittrich, Dittrich & Faust 1993).

V22 Gepard im Kampf mit einer Riesenschlage

V22a Gepard – ***Acinonyx jubatus*** Schreber, 1775
μύρμηξ – mýrmex
(Mammalia, Carnivora, Felidae)

Dargestellt ist ein Mischwesen, basierend auf einer gefleckten Katze mit einem kleinen, gehörnten Kopf mit kurzem Gesicht. Es trägt große, von den Schultern ausgehende Flügel und endet in einem langen, gefleckten Schweif mit der Quaste eines Esels, einem Manierismus. Das Tier richtet sich nach rechts auf, im Kampf mit einer Riesenschlange, die Hals, Nacken und weitere, nicht erhaltene Teile seines Rumpfes umschlungen hat. Sein bezahnter Mund ist geöffnet, eine flache Zunge wird sichtbar wie bei „kator“ (**V06**) und „lynx“ (**V38**) (Abb. 66).

Beigefügt ist der Name „mýrmex“, gewöhnlich mit „Ameise“ zu übersetzen. Die diesbezüglichen Angaben der antiken Autoren sind ausführlich bei Gallazzi, Kramer & Settis (2008: 394 ff.) vorgestellt und diskutiert.

Offensichtlich darf „myrmex“ jedoch nicht nur auf die Ameise bezogen werden, sondern bezeichnet außerdem ein Säugetier (Leitner 1972). Schon die Antike hatte Schwierigkeiten, sich der suggestiven Kraft der Homonymie zu entziehen, was zu den nachstehend behandelten Fabeln führte. Eine erste Deutungsebene mag dieses Fabelwesen, Goldgräber und Goldwächter, einfach hinnehmen, so wie sie ist, als weitere Gestalt in der mythologischen Folklore des Hellenismus. Eine zweite Ebene bezieht sich auf ihre Funktion, die darin besteht, Konkurrenten um die Gewinnung von Gold abzuschrecken. Schließlich stellt sich die Frage nach dem realen zoologischen Kern des „myrmex". Sie hat zwar eine Vielzahl von Interpretationen angeregt, ist jedoch erst jetzt mit Hilfe der speziellen Ausgestaltung des „myrmex" durch den Zographos — eigentlich recht einfach – zu entschlüsseln.

Zwei Voraussetzungen sind wichtig.

(1) Die schon erwähnte Auflösung der Homonymie zweier Arten unter „myrmex" (Leitner 1972). Sie wird bestätigt durch die Zuweisung der ähnlichen Bezeichnung Ameisenlöwe, „myrmekoleon", zu einer „unbestimmten Art von Löwen" (Pape WB, LXX: Hiob 4,11,1). Dabei kommt „myrmex" in seiner Bedeutung als „Hautwarze", „Fleck" zum Tragen: **ein geflecktes löwenartiges Tier**. Die Übertragung von „myrmekoleon" auf das im Larvenstadium Ameisen verzehrende Insekt aus der Gruppe der Netzflügler (Planipennia) erfolgte viel später (Gregor der Große: Moralia in Job 1979 V 40). Sie ist hier unerheblich.

Schon der treffliche Aelian (nat. anim. VII 47) entlarvte „formica" / „myrmex" durch nachstehende Reihung als Geparden: „Teneri ferarum animantium foetus nomina invenerunt diversa, plerique etiam gemina sortiuntur. Nam leonum σκύμνοι dicuntur, et λεοντιδεῖς, Aristophane Byzantio teste. Pantherarum similitudo vel σκύμνοι, vel ἄρκηλοι, sed aliqui ἀρκήλους genus a pantheris diversum faciunt. Porro thoum et tigridum foetus non alio quam σκύμνων nomine vocari solent; item formicarum, et pantherum."

„Skymnos" gilt für Welpen der **Löwen** (leonum), für die der **Panther I** (παρδάλεων, pantherarum) und nach Auffassung einiger auch für eine von den Panthern verschiedene Art; für die **Hyänen** (θώων, thoum), für die **Tiger** (τίγρεων, tigridum), für die **Ameisen** (μυρμήκων, formicarum) und für die **Panther II** (πανθήρων, pantherum). Die „Ameisen" sind in dieser Reihung ganz zweifellos Geparden und ihr Namen ist als „die Gefleckten" zu interpretieren.

(2) Eine zweiter „myrmex" ist tatsächlich als Ameise zu interpretieren, vgl. den nachstehenden Text des Herodot. Diese gräbt Gänge, fördert aus diesen Sand an die Erdoberfläche, in dem sich, die passenden geologischen Bedingungen („Wüste", Schwemmland) vorausgesetzt, auch Goldkörnchen befinden können. Jüngst berichtete Anna Petts, Doktorandin an der University of Adelaide, über Goldprospektion mit Hilfe der Tätigkeit tief grabender Ameisen oder Termiten (Der Spiegel 26/2009: 126, nach „Termites are a miner's best friend", News in Science, ABC Science).

Die Fabel vom „myrmex" findet erstmals Gestalt bei Herodot (hist. III 102–105, vgl. Benecke 1879):

> III 102: „Andere indische Völker wohnen dagegen in der Nachbarschaft der Stadt Kaspatyros und des Landes Paktyika nördlich von den anderen Indern. Sie leben ähnlich wie die Baktrer. Sie sind auch die streitbarsten

der Inder, und gerade sie werden zur Goldgewinnung ausgeschickt. In ihrer Gegend liegt eine große Sandwüste. Darin leben „Ameisen“ (B), kleiner als Hunde, aber größer als Füchse. Einige solcher Tiere, die dort gefangen wurden, kann man am persischen Königshof sehen. Beim Bau ihrer unterirdischen Wohnung werfen die „Ameisen“ (A) Sand heraus in gleicher Weise wie die Ameisen in Griechenland, denen sie im Aussehen sehr ähneln. Der ausgeworfene Sand ist goldhaltig. Nach diesem Sand werden die Inder in die Wüste geschickt, wobei jeder drei Kamele (= Trampeltier *Camelus bactrianus*) einspannt, auf beiden Seiten je einen Hengst zum Ziehen, eine Stute in der Mitte. Auf dieser reiten sie selbst. Man spannt besonders Stuten ein, die man von möglichst jungen Füllen wegholt. Die Kamele stehen Pferden an Schnelligkeit nicht nach. Darüber hinaus können sie jedoch viel größere Lasten tragen.“

III 104: „Mit diesen Kamelgespannen ziehen die Inder in der genannten Art nach dem Gold aus. Dabei achten sie darauf, dass sie während der heißesten Tageszeit eintreffen und das Gold rauben. Denn wegen der Hitze haben sich die „Ameisen“ (A) in die Erde verkrochen (….).“

III 105: „Wenn die Inder an die bewusste Stelle kommen, füllen sie die mitgebrachten Säcke sehr schnell mit Sand und reiten zurück. Denn sofort verfolgen sie die „Ameisen“ (B), die sie gerochen haben. So erzählen jedenfalls die Perser. Sie sollen schneller sein als jedes andere Tier, so dass keiner der Inder lebend entkäme, wenn sie nicht in der Zeit, in der sich die „Ameisen“ (B) sammeln, einen Vorsprung gewännen. Die Kamelhengste, die (beladen) nicht so schnell laufen können wie die Stuten, werden müde, wenn sie so mitgezogen werden, einer nach dem anderen. Die Stuten jedoch denken an ihre Füllen zu Hause und bleiben unermüdlich. So erlangen die Inder nach der Darstellung der Perser den größten Teil des Goldes (….).“

Gegenüber dieser ältesten Fassung des Herodot (hist. III 102) treten bei den Autoren aus dem Umfeld der Abessinienexpedition Ptolemaios’ II. von 285 v. Chr. (Strabon geogr. XVI 4, 15–16 und XV 1, 44; Aelian nat. anim. XVI 39; Agatharchides V Fr. 69 (= Diod. III 35) mit Komm. von Woelk 1966: 172 ff.; Arrian 8, 15, 4; Plinius nat. hist. XI 36, 111) nur wenige zusätzliche Einzelheiten auf. Sie charakterisieren den „myrmex“ als ein Tier, das in Indien, Arabien oder Afrika Gänge in die Erde gräbt und dabei Goldsand fördert. Soweit die Ameisen in unserer üblichen Terminologie. Davon ab führen die weiteren angeführten Eigenschaften: „Myrmex“ sei ein gefleckter Vierbeiner, sein Fell konnte als Kleidung getragen werden. Das bei Agatharchides erwähnte „abnorme“ Geschlechtsteil ist vollends beweisend, indem es sich auf die im Gegensatz zu allen anderen Säugetieren nach hinten verlagerten männlichen Genitalien der Felidae bezieht. Deutlich wird eine mittelgroße Katze mit dekorativem Fell fassbar, der Gepard. Bestätigt wird dies durch ihre von Herodot erwähnte Wehrhaftigkeit,

Schnelligkeit und durch die Erwähnung von „myrmeces", die am persischen Hof gehalten wurden.

Die Quellen lassen eine weite geographische Verbreitung des „myrmex" erkennen:

Herodot lokalisiert die Fabel im Norden „Indiens", im Grenzbereich zum heutigen Afghanistan und Pakistan. Die angegebenen Ortsbezeichnungen der Stadt Kaspatyros (Kabul?) und des Landes Paktyika (Bereich von Peschawar?) sind noch nicht eindeutig identifiziert. Herodot lokalisierte z. B. auch den Kampf zwischen Python und Elefant (**V16**) in Indien, die anderen vorgenannten Autoren wechselnd teils in Indien, teils in „Äthiopien". Das überrascht nicht, weil die beiden Regionen, fassbar schon seit Homer, zusammengeworfen wurden:

Αἰθίοπας, τοὶ διχθὰ δεδαίαται, ἔσχατοι ἀνδρῶν (Homer, Odyssee α 23).

Goldvorkommen, um die sich die Fabel ranken konnte, gab es im afrikanischen Äthiopien, Meroë, wie auch stellenweise im „indischen" Äthiopien.

Das Insekt Ameise gab bzw. gibt es immer noch in beiden Regionen, ebenso den Geparden. Dieser war bis in jüngste historische Zeit sogar ein Bewohner Kleinasiens, genau so wie Löwe, Leopard, Streifenhyäne und andere „afrikanische" Tiere. Dies bestätigt schon die Angabe des Plinius (nat. hist. XI 36, 111), dass Hörner des „myrmex" als Trophäe im Heraklestempel von Erythrai an der Ionischen Küste gegenüber von Chios aufgehängt waren – was immer das war.

Die Zeichnung eines „myrmex" genannten Tieres im Artemidor-Papyrus stellt einen Geparden (*Acinonyx jubatus*) dar (Abb. 67). Dies zeigen die Fleckung, die relativ hohen Beine, der kleine Kopf auf einem langen Hals, der lange gefleckte Schwanz. Er bekam – unzutreffend – einige martialische Attribute wie Hörner (gemeint sind wohl Insektenantennen in Folge der Vermengung mit myrmex = Ameise; s. o. Plinius), eine dekorative Schwanzquaste, vor allem aber auf den Schultern sitzende Flügel, unabhängig von den Vorderläufen. Diese sind ursprünglich bestimmt nicht als reale Flügel gedacht, sondern symbolisieren die ungewöhnliche Geschwindigkeit des Geparden (s. o. Herodot), der auch auf dem Nilmosaik von Praeneste nach seiner Schnelligkeit „tigris" („pfeilschnell", vgl. **V31**) heißt. Flügel werden in keiner anderen Beschreibung des „myrmex" erwähnt. Diese Abbildung lässt erstmals die Kern-Identität des Säugetiers „myrmex" als Geparden erkennen. Auf den gleichen Sachverhalt verweist Nearchos (FGrHist 133 F 8) mit der Bemerkung, dass viele ihrer Bälge in das makedonische Lager gebracht wurden, wohl im heutigen Afghanistan.

Auf dieses Multitalent, welches der Zographos zeigt, trifft hervorragend das Wort Panthera zu, aus allen Tieren gemischt, mit dem Körper einer Großkatze, einem Eselschwanz, mit Hörnern und Flügeln (Keller I, 1909: 64 nach Aristoph. Byz. hist. an. epit. II 281). Es steht in einer Reihe mit den fabelhaften Sphingen und Greifen (Jones 1917), welche die Kräfte und Fähigkeiten mehrerer Tiere ideell vereinigten. Er zeigt im Kern die Gestalt einer gefleckten Katze, die später zu der unberechtigten Gleichsetzung mit „pardus, pardalis" führte.

Panthera hieß übrigens jener römische Soldat, der nach Kelsos (2. Jahrhundert, unter Verwendung älterer Quellen) der sehr irdische Vater von Jesus war (Origenes, Contra Celsum I 32–33; vgl. 69): ein Kampfname nach seinem Schmuck aus Attributen mehrerer gefährlicher Tiere.

Zusammenfassend sind Eigenschaften der Myrmekes (A), der Ameisen, folgende: Sie ähneln den in Griechenland vorkommenden, sie werfen in der Frühe beim Graben goldhaltigen Sand aus, den die Menschen in der Mittagshitze auflesen, gegen Abend in Säcke füllen und auf Trampeltieren wegführen. Eigenschaften des Myrmex (B), des Säugetiers, sind: Leben in einer Sandwüste im nördlichen Afghanistan / Pakistan. Sie sind kleiner als Hunde (welche Rasse?), aber größer als Füchse – wobei Größenangaben von Tieren in historischen Texten immer Glückssache sind. Sie sind gefleckt, daher rührt ihr Name „myrmex“. Einige dort gefangene leben am persischen Königshof; dort waren abgerichtete Geparden schon frühzeitig keine Seltenheit. Sie verfolgen „schneller als jedes andere Tier“ — ein Alleinstellungsmerkmal von Geparden. Es gab keine grabenden Säugetiere.

Die bisherigen Deutungen dieser Goldgräber sind demnach nur noch von historischem Wert. Die Identität des sprachlich verwandten Myrmekoleon wird ausführlich diskutiert von Woelk (1966) und von Meyboom (1995: 127, app. 6). Meyboom setzte auf den auf beiden Kontinenten in mehreren Arten lebenden „dassie“, den Klippschliefer (*Procavia* spp.). Er hält auch das dünnbeinige Tier unterhalb der Giraffen auf dem Nilmosaik von Praeneste, ein Chamaeleon, für einen Klippschliefer, trotz außerordentlich störender Eigenschaften (Meyboom 1995: 128 app. 6). Von anderen werden die goldgrabenden „Ameisen“ mit dem asiatischen Nagetier Bobak *Arctomys bobak* gleichgesetzt, wieder andere favorisieren den Honigdachs *Mellivora capensis* oder den Springhasen *Pedetes capensis*, beide aus Afrika. Es wird nie erklärt, wie sich die „myrmeces“ vom unscheinbaren Gräber zum flinken, aggressiven Verfolger wandeln konnten. Einzelheiten zur Forschungsgeschichte bei Gallazzi, Kramer & Settis (2008: 394 ff.) und Meyboom (1995), die alle als Verlegenheitslösungen anzusehen sind.

Der Anlass für den phantastischen Ausbau der Fabel ist ein Missverständnis, basierend auf der Homonymie von „myrmex“. Dem Zographos gebührt das Verdienst, eine plesiomorphe Gestalt und Färbung des „myrmex“ überliefert zu haben, welche die Aufklärung seiner zoologischen Identität erleichterten.

Der Gepard ist im Alten Ägypten von vordynastischer Zeit bis zur 19. Dynastie immer wieder abgebildet worden, im Neuen Reich auch mit Halsbändern. Ob er dort tatsächlich bereits zur Jagd abgerichtet war, ist noch nicht bewiesen. Zu allen Zeiten wurde er mit Leoparden, Tigern und Löwen verwechselt, wodurch ein Teil seines Einflusses in der Kulturgeschichte noch verborgen ist (Kinzelbach 2008b, Masseti 2009).

V22b Riesenschlange – *Python* sp.
(Nicht determinierbar)

Der „Myrmex" des Zographos wird umschlungen von einer Würgeschlange. Ein wenig differenzierter Schlangenkörper trägt einen mit Bart und Haube ausgestatteten Kopf. Sie ist vergleichbar der Schlange in der berühmten Szenerie aus dem Lararienschrein im Atrium des Sklaventrakts von Pompeji, mit Bacchus als Traube vor dem Vesuv, mit Sperlingen und einer apotropäischen Schlange mit gespaltener Zunge, verzweigtem Bart und Auswüchsen auf dem Kopf als Symbol der Schutzgötter des Hauses (Nappo 1998: 121 oben). Gibt auch der Zographos hier eine Hausschlange als Schutzgeist, als Verteidiger gegen den verfolgenden „myrmex" wieder? Sie ist nicht zoologisch zu klassifizieren.

Zu Schlangennamen vgl. Bodson (1986). Die großen Schlangen des Artemidor-Papyrus im Vergleich:

- **V16** „*chersydros ophis*" **ohne** Bart und **ohne** Haube im Kampf mit einem Indischen Elefanten, naturalistisch; dies ist *Python molurus* aus Indien.
- **V22b** Apotropäische Schlange *ohne Namen* **mit** Bart **und** Haube im Kampf mit dem „myrmex", ein „männliches" Tier. Ein Phantasiegebilde nach Art der beschützenden Hausschlangen.
- **V25** Schlange „*drakon*" **ohne** Haube, allerdings **mit** Bart vor „panther", mit Giftzähnen, Vorderende aufgerichtet, wohl die Königskobra, eine der großen Giftnattern („echidnai megalai") der Gesandtschaft von 20 v. Chr.

V23 Stechrochen – *Dasyatis pastinaca marmorata* (Steindachner, 1892)
ἀσπ[ίς] – aspís
(Chondrichthyes, Batoidea, Rajidae)

Erhalten ist das Hinterende eines kompakten Tieres. Es ist mäßig dicht schwarz gefleckt. Nach rechts gibt es noch eine Gruppe feinerer Flecken, weiterhin sind einige undeutliche Längsstrukturen erkennbar. Stark abgesetzt vom Körper, übergangslos, ist ein langer Schwanz wiedergegeben. Er läuft spitz zu, ist leicht nach links gebogen und wirkt starr. In der Schwanzkrümmung liegt, vom Rücken des Schwanzes entspringend, eine längliche, dunkle Struktur mit unnatürlich abgeschnittenem Ende (Abb. 68, 69).

Auf dem gereinigten Scan in Gallazzi, Kramer & Settis (2008: 400) sind Zeichnungsreste rechts oberhalb des Hauptfragments verloren gegangen, die dessen Fortsetzung nahe legen. Verstreute einzelne Punkte der Körperzeichnung führen zu einem Gewirr von Linien in einer Lage, in der ein Vorderkörper des „asp-" vermutet werden könnte. Auffallend sind dort – allerdings aus dem Verbund gerissen – zwei dicht nebeneinander liegende, kreisförmige Strukturen, die zu gut zu Nasenlöchern auf einer Schnauze passen, als daß man sie einfach ignorieren könnte. Auch die Position des Namenfragments legt nahe, dass die Figur ursprünglich weiter nach oben rechts führte. Es war ein großes Tier dargestellt.

Die Lesung des Namenfragments ergab αṣπ̣[, „asp-", ergänzt und gedeutet als „aspálax" von Gallazzi, Kramer, & Settis (2008: 400). Die allein von dieser Lesung ausgehende Deutung als Maulwurf (Talpidae) oder Blindmull (Spalacidae), geht völlig in die Irre, weil dazu weder der Schwanz noch die Fleckung passt. Blindmulle sind stets kurzschwänzig und ungefleckt. Maulwürfe treten in Afrika überhaupt nicht, Mulle kaum nördlich des Äquators auf.

Der Name muss daher anders, nämlich zu „aspís", ergänzt und auf ein Tier von schildförmiger Struktur bezogen werden.

Dieser Name läßt zunächst an die Kobra „aspís" denken, schon bei Aristoteles (Aubert & Wimmer 1868: 115) so genannt nach ihrer gespreizten Haube. Gemeint ist *Naja haje* aus Ägypten. Es besteht jedoch keine sinnvolle Möglichkeit, die Zeichnung mit einer Kobra in Verbindung zu bringen.

Der Name und der schildförmige Körper erlauben eine Deutung als Rochen aus der Familie der Stechrochen (Dasyatidae). Nur bei ihnen kommt es zu einem plötzlichen Übergang von einem gerundeten hinteren Körperumriss zu einem dünnen Schwanz, der (wie auch in den meisten modernen Norm-Abbildungen) nach links eingekrümmt ist. Erhalten ist eine Dorsalansicht auf das hintere Ende der marmorierten Subspecies des im ganzen Mittelmeer häufigen, bis 2,50 m langen Stechrochens *Dasyatis pastinaca marmorata* (Abb. 69). Dieser hat im Vergleich mit verwandten Arten den kräftigsten Stachel. Allerdings passt das gerundete Körperende besser zu *Dasyatis centroura* (Mitchill, 1815), die allerdings keine Marmorierung aufweist und einen kleineren Stachel hat. Beide Arten sind flach, schildförmig; ihr Schwanz ist steif-elastisch und passt in der Zeichnung von den Proportionen her etwa zum mutmaßlichen Körperumfang. Er ist etwas zu dünn und unstrukturiert, sehr vereinfacht wiedergegeben, wie auf vielen anderen Zeichnungen des Zographos. Der schwarze, dorsal aufsitzende Vorsprung nahe der Schwanzbasis könnte der Giftstachel des Stechrochens sein. Man wird sich fragen, warum er nicht spitz ist: Es ist bei Fischern üblich, ihn abzuschneiden, um die durchaus ernsthaften Verletzungen zu vermeiden. Das Tier, ein dunkel marmorierter Stechrochen, wurde offensichtlich auf dem Fischmarkt gesehen. Vgl. **V10, V17.**

V 24 Wasserbock – *Kobus ellipsiprymnus* (Ogilby, 1833)
ὦτος χέρσυδρος – ótos chérsydros
(Mammalia, Artiodactyla, Bovidae, Antelopinae, Reduncini)

Ein Vierfüßer, Paarhufer, auf schlanken Beinen nach links schreitend. Körper sehr schlank mit unregelmäßigen Flecken, Schwanz mittellang, kräftig, gerade nach hinten gestreckt, fraglich, ob mit Quaste. Die entsprechende Struktur würde den Schwanz fast auf Rumpflänge ausdehnen. Hals lang, fast so hoch wie der Körper. Er ist zusammen mit dem Kopf durch einen breiten Riss im Papyrus zu weit nach links gerutscht. Der Kopf ist stark zerstört. Er zeigt ein auffallendes Hängeohr links (vgl. den Namen), ein weiteres Ohr oder Gehörn ist über dem Kopf angedeutet. Eine spitze Schnauze mit Knopfnase ist vorhanden oder kann zumindest in die Zeichnung hineingedeutet werden. Diese passt zum Habitus einer Antilope. Die extreme Schlankheit zählt zu den Stileigenheiten des Zographos (vgl. Kapitel 5.8) (Abb. 70, 71).

Name „ótos chérsydros" nach Gallazzi, Kramer & Settis (2008: 403). Der zweite Namensteil erinnert entfernt an „krokodilos chersaios" auf dem Nilmosaik von Praeneste (Steinmeyer-Schareika 1978: 66), eine Benennung für den bis zu 1,50 m langen, grauen Wüstenwaran *Varanus griseus*, der hier nicht in Frage kommt.

In Frage kommt vielmehr, wie auch Gallazzi, Kramer & Settis (2008: 405) erwägen, ein Weibchen der *Kobus*-Arten, etwa der Wasserbock *Kobus ellipsiprymnus* (Ogilby, 1833) mit längerem Quastenschwanz. Er trat noch im 19. Jahrhundert nilabwärts fast bis in die Umgebung von Chartum auf.

V25 Kobra bedroht Leoparden

V25a Leopard – *Panthera pardus* (Linnaeus, 1758)
πάνθηρ – pánther
(Mammalia, Carnivora, Felidae)

Ein gut als solcher kenntlicher Leopard mit Ringelflecken geht nach rechts auf eine ihm entgegenzüngelnde Schlange zu, die im Vergleich mit ihm ziemlich klein erscheint. Sie ist auch unter Einschätzung verdeckter Teile nur wenig länger als der Leopard. Sowohl dieser als auch die Schlange sind jeweils in einem Kreis angedeuteter Vegetation lokalisiert (Abb. 72). Möglicherweise haben die beiden Bilder keinen inneren Zusammenhang (s. u.). Sie sind ja recht weit voneinander getrennt.

Über dem Panther ein Namenfragment πα, „pa", das nach Gallazzi, Kramer & Settis (2008: 406 ff.) zu „pánther" ergänzt werden kann; vgl. die Diskussion zum „pordalis" bei **V19**. Das dargestellte Tier, bestätigt durch die Nomenklatur, ist ein Leopard *Panthera pardus*.

V25b Königskobra – *Ophiophagus hannah* Cantor, 1836
δράκων – drákôn
(Squamata, Serpentes, Elapidae)

Aus einer Felsspalte erhebt sich eine als „drákôn" bezeichnete Schlange. Ihr sich verjüngender Vorderkörper biegt nach links in die Richtung des Leoparden

(**V25a**) und endet mit einem Kopf, in dessen geöffnetem Maul vier Fangzähne, je zwei im Ober- und im Unterkiefer, sowie eine dünne, ungespaltene, nach außen gestreckte Zunge zu sehen sind. Im hinteren, unteren Kopfbereich ein Bart (Abb. 72, 74). Der Übergang zwischen den ventralen quer verlaufenden Schuppen und dem Rücken ist durch eine kräftige schwarze Linie bezeichnet.

Im Vergleich mit dem Leoparden (**V25a**) ist die Schlange relativ klein. Danach und nach den Zähnen ist kein Vertreter der Riesenschlangen (Pythonidae) gemeint. Diese haben weit mehr und kleinere Fangzähne in Ober- und Unterkiefer. Die Zähne sollen, betont durch ihre deutliche Erkennbarkeit, offenbar Giftzähne darstellen. Solche kommen allerdings nicht im Unterkiefer vor, sondern nur als kurzfristig bei geöffnetem Maul vor dem Zubeißen ausgefahrenes Paar im Oberkiefer, eine Einzelheit, die bei einem Künstler in den Hintergrund rückt. Eine Identifikation nach den Körpermerkmalen ist schwierig. Nach Größe und Haltung kommt keine der Vipern Nordafrikas in Frage. Vielmehr handelt es sich um eine große Kobra mit drohend aufgerichtetem Vorderkörper. Unter den Geschenken der Indischen Gesandtschaft von 20 v. Chr. befanden sich nach Strabon (geogr. XV 1, 73) auch einige große ἐχίδναι, „echídnai“, die als Kobras zu deuten sind. Eine von diesen ist wahrscheinlich die vom Zographos abgebildete große Giftschlange (**V25**). Sie kann nur eine Königskobra, *Ophiophagus hannah* Cantor, 1836, gewesen sein, die im Durchschnitt 3–4 m lang wird, gelegentlich deutlich mehr. Ihre Haube bleibt bei der dargestellten Drohgebärde relativ schmal und unauffällig. Sie ist bei der Königskobra im Vergleich mit anderen Kobras deutlich schmaler. Zudem ist sie in der vom Zographos gezeigten Seitenansicht nicht zu sehen (Abb. 73).

Gewöhnliche Kobras waren gut bekannt und wären kein beachtenswertes Geschenk gewesen. Der Plural „echídnai“ weist auf mehrere Schlangen hin, die vermutlich teilweise als Nahrung für die größte, die abgebildete ophiophage Königskobra dienten.

Als Bezeichnung tritt „drákon“ auf, abgeleitet vom starren Blick (vgl. griech. δέρκειν), in viele Sprachen übernommen. Doch gibt es möglicherweise einen indogermanischen Sprachen gemeinsamen Stamm für ein Wassertier (vgl. engl. shel*drake*; dt. an*trach* > Enterich; auch Wassergeister, z. B. der Seegeist „draug“ in Norwegen oder die „draci“ des Gervasius (Otia imper. 3, 85, 987), darunter auch Schlangen. Die mythologischen Drachen gehen ebenfalls auf reale Wassertiere zurück, in China auf einen an Quellen lebenden Riesenwaran aus der Verwandtschaft des einzig übrig gebliebenen Komodowarans *Varanus komodoensis*; im Vorderen Orient teils auf den Wüstenwaran *Varanus varanus,* teils auf das Krokodil *Crocodilus niloticus*. Ein Fresko in der Praedia (dem Landhaus) der Julia Felix in Pompeji (MAN Neapel, Panetta 2004: 245) zeigt ebenfalls eine motivisch verwandte Auseinandersetzung zwischen Leopard und Schlange.

V26 Großer Fangschreckenkrebs – *Squilla mantis* (Linnaeus, 1758)

ὀστρακεύς – ostrakeús

(Crustacea, Stomatopoda, Squillidae)

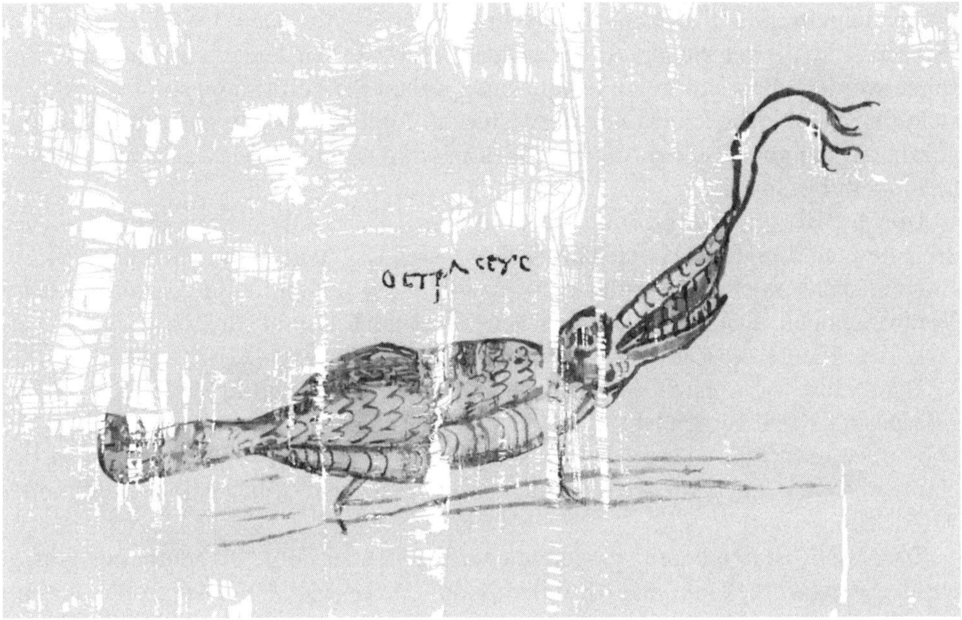

Das Tier sieht nach rechts und steht auf vier dünnen Beinen, von denen die beiden auf der rechten Seite sichtbar sind. Die Darstellung der Beine ist extrem vereinfacht, wie bei den Flossen der Fische und anderer Wassertiere. Beim Vorbild Fangschreckenkrebs werden allerdings im Gegensatz zu anderen Großkrebsen nur drei Beinpaare zum Gehen verwendet, daher ist die um nur ein weiteres reduzierte Anzahl der Schreitbeine nicht auffallend unzutreffend.

Der leicht aufgetriebene Rumpf ist mit starken Hautschuppen bedeckt. Auf der Oberseite sind sie flüchtig als ein Dutzend Reihen von „Dachziegeln“ dargestellt, mit unphysiologisch nach vorn, zum Kopf hin gerichteten Rundungen. Sie entsprechen den 9–10 dorsalen Skleritplatten mit Versteifungsleisten eines Fangschreckenkrebses. Die Unterseite lässt über 20 leicht nach vorn gebogene, feste Spangen erkennen, Wiedergabe der nur kurzen Beine bzw. Kiemen des Pleon-Bereichs einer *Squilla*. Die beiden Strukturfelder sind durch eine kräftige Längslinie im unteren Drittel des Körpers getrennt, den Rand der Tergitreihe einer *Squilla*. Im oberen, vor allem hinteren Bereich des Rückenfeldes tritt nochmals eine zusätzliche Schwärzung auf, die vielleicht auf einen am Objekt vorhandenen Grat zur weiteren Verstärkung der Panzerung oder auf eine besondere Pigmentierung hinweist.

Der Kopf ist durch eine tiefe Furche vom Rumpf abgesetzt, fast kugelrund. Er trägt einen oben stärker, unten geringer angedeuteten augenartigen Fleck. Das obere Auge erscheint somit auf einer Erhebung sitzend wie beim Krokodil bzw. von Knochenvorsprüngen umrahmt wie bei Agamen. Hier soll diese allerdings das sehr umfangreiche Turban-Komplexauge einer *Squilla* andeuten. Nach vorn-oben öffnet sich ein „Maul" von 3–4facher Länge des Kopfes. Der „Oberkiefer" ist um mehr als ein Viertel länger als der „Unterkiefer". In der leicht klaffenden Mundspalte werden oben und unten jeweils etwa sieben gleichförmige, stiftartige Zähne sichtbar. Dieses Maul wird nur vorgetäuscht durch die gefalteten, am Innenrand gezähnten Fangbeine einer *Squilla*. Dazu passt, dass die Spitze des „Oberkiefers" nicht mehr bezähnt ist.

Dort treten zwei fadenförmige Anhänge aus, die an ihrem Ende jeweils wieder dreigeteilt sind und faserig auslaufen. Dargestellt ist das im Tierreich einzigartige Antennenpaar einer *Squilla* mit der charakteristischen Aufteilung in drei feinere Verzweigungen. Der kellenförmige Schwanz endet stumpf; er entspricht vereinfacht dem Pleotelson eines Fangschreckenkrebses (Abb. 75–77).

Der Name wird nach Gallazzi, Kramer & Settis (2008: 412) „ostrakeús" gelesen, nach „Scherben" in der Bedeutung von Reptil- oder Panzer-Schuppen. Dies passt zum hier identifizierten Krebstier, wie bei Aristoteles am besten der Name κραγγών auf den Fangschreckenkrebs (hist. an. 525b2, Auber & Wimmer 1868: 153).

Dargestellt ist den bereits genannten Merkmalen zu Folge eindeutig ein Vertreter der Fangschreckenkrebse (Stomatopoda) (Abb. 76, 77). Die größte Art im Mittelmeer ist der Große Fangschreckenkrebs *Squilla mantis*, der bei bis zu 25 cm Länge in großer Zahl gefangen und auf Fischmärkten, auch in Alexandria, zum Verzehr angeboten wird.

V27 Himalayamonal - *Lophophorus impejanus* (Latham, 1790)
κεράτινος – kerátinos
(Aves, Galliformes, Phasianidae)

Ein massiger, hühnerartiger Vogel nach links, mit nach unten gerichtetem Schwanz ohne auffallende Schwanzfedern. Die Schwanzfedern scheinen abgebrochen oder abgewetzt; die Schwanzregion ist stark zerfasert, wie dies bei längerer Haltung in ungeeigneten, engen Käfigen vorkommt. Die Flügel sind leicht angehoben. Schraffuren geben eine Pigmentierung in drei Zonen wieder, die weit besser zum Monal passen als zu den Alternativen Tragopan oder gar Perlhuhn (s. u.). Im Nacken ist deutlich ein ringförmiger Ansatz zu einem anderen, davor gelegenen Gefiedermuster angedeutet. Dieser ist weder bei Tragopan noch bei Perlhuhn zu finden. Die Beine sind kräftig, von mittlerer Länge, die Zehen erscheinen verkrüppelt. Vorderbrust, Hals und Kopf fehlen (Abb. 78)

Der beigefügte Name ist „kerátinos“, „der Gehörnte“, nach Gallazzi, Kramer & Settis (2008: 416–418). Der Name bezieht sich entweder auf Federhörnchen wie bei einem Jagd- oder Ohrfasan; diese beiden Arten kommen wegen ihrer langen Schwanzfedern nicht in Frage. Der Ohrfasan ist ziemlich monochrom grau, was nicht zur auf der Zeichnung erkennbaren „Farbigkeit“ passt. Der Jagdfasan war zu gut bekannt, um hier als Seltenheit aufzutreten (Hünemörder 1973). Oder der Name bezieht sich auf fleischige Anhänge wie beim Tragopan. Diese sind jedoch nur zeitweise ausgebildet bzw. ausgefahren. Das Farbmuster des Tragopans passt auch nicht zu dem deutlich dargestellten Nackenband. Schließlich besitzt auch das Perlhuhn einen hornig-fleischigen Kopfaufsatz, der auf Abbildungen der 2. Negadekultur fälschlicherweise auch paarig wiedergegeben ist (Keimer 1942: 329, fig. 66). Es gibt den ähnlichen Namen „keraix“ für einen unbekannten Vogel (Thompson 1936: 138–9). Er könnte onomatopoetisch sein und würde zur lauten, rauen Stimme des Perlhuhns passen, allerdings ebenso zu allen möglichen anderen Vertretern der Phasianidae.

Für die Deutung bleiben drei Kandidaten, der Monal, der Tragopan und das Perlhuhn (Abb. 79). Vorgeschlagen wird mit Nachdruck der Himalayamonal. Dieser Vogel, eine extreme Rarität, konnte (wie der Tragopan, s. u.) nur durch Fernhandel bzw. die Gesandtschaft aus Indien im Jahre 20 v. Chr. nach Daphne bzw. Alexandria gelangt sein (vgl. Kapitel 5.4).

- Aus deren Menagerie berichtete Strabon (geogr. XV 1, 73) neben anderen an dieser Stelle durch besondere Größe ausgezeichneten Tieren über ein „Rebhuhn", größer als ein Geier (πέρδικά τε μείζω γυπός).

- Aelian (nat. anim. XVI 2) erwähnte ἀλεκτρυόνες ... μέγιστοι, alektryónes mégistoi, sehr große Hähne aus Indien: „Gallinacei maximi; nec rubram habent cristam, ut nostri, sed ita variam et floridam, quemadmodum coronam ex floribus contextam; pennas posteriores non inflexas habent, neque in orbem revolutas, sed latas quas cum non erigunt, ut pavones trahunt; eorum pennae partim avi <Gelb des *Senecio*, Greiskrauts>, partim coerulei vel smaragdi colorem gerunt." („Sehr große Hühner, die keinen roten Kamm haben wie die unsrigen, sondern einen so bunten und blühenden wie eine Krone aus Blüten zusammengeflochten; die Schwanzfedern sind nicht gebogen noch kreisförmig gedreht, sondern breit und werden nicht wie bei den Pfauen aufgerichtet; ihre Federn tragen teils goldgelbe <im griechischen Text χρόαν ... χρυσωπόν>, teils blaue oder smaragdgrüne Färbung"). Dies ist der Himalayamonal, nach Größe, Färbung und besonders dem Blütenstrauß auf dem Kopf: die Federchen entspringen schmal und enden in verbreiterten Fahnen wie Blütenköpfchen.

- Auch Thompson (1935: 132 ff.) deutete das vorgenannte große „perdix", „Rebhuhn" des Strabon aufgrund der angegebenen Größe als Himalaya- oder Rotschwanzmonal *Lophophorus impejanus* (Latham, 1790), der vielleicht mit einem an anderer Stelle genannten asiatischen Hühnervogel „katreús" identisch ist.

Dieser Texttradition entspricht hervorragend die Zeichnung des Zographos, weil das Gefiedermuster, besonders der Nackenring, am besten mit dem Monal übereinstimmt. Zu dem Namen „kerátinos" passt der Kopfputz des Monals aus Federn.

Als Alternative für einen „gehörnten" Hühnervogel könnte der allerdings deutlich kleinere Satyrtragopan *Tragopana satyra*, ebenfalls aus dem Himalaya, in Betracht kommen. Der bunte Tragopan-Hahn trägt ein Paar grellfarbener, ausstülpbarer „Hörner" von fleischiger Konsistenz auf dem Kopf, ein plausibler Anlass für den Namen „kerátinos", doch sind diese weichen Gebilde nicht stetig vorhanden. Auch die Gestalt und vor allem die Verteilung von Federstruktur bzw. Farbmuster am vorliegenden Torso passen nur notdürftig zu dieser Art. Die Zeichnung zeigt einen deutlich kontrastierenden Absatz zwischen Rücken- und

Nackengefieder, wie beim Monal, der beim Tragopan erst am Hinterkopf vorkommt und überhaupt nicht beim Perlhuhn.

Der Tragopan des Plinius (nat. hist. X 136) war nach dessen eigener Einschätzung ein Fabeltier, obwohl „plures adfirmant, maiorem aquila, cornua in temporibus curvata habentem, ferruginei coloris, tantum capite phoeniceo" („von dem mehrere fest versichern, er sei größer als ein Adler, habe an den Schläfen gekrümmte Hörner, sei rostfarben, nur am Kopf purpurrot"). Im Plinius-Exzerpt von Gaius Iulius Solinus im 4. Jahrhundert (zitiert nach Gessner 1585) ist die Beschreibung verkürzt: „Tragopa est auis maior aquilis, cornibus arietinis preferens caput armatum." So tritt der Tragopan auch im Physiologus auf und ist in dessen späteren Ausgaben mit Widderhörnern versehen abgebildet.

Plinius' Tragopan ist jedenfalls **nicht** aus Afrika und nicht mit Sicherheit identifizierbar. Cuvier hielt ihn wohl zu Recht für den Satyrtragopan. Von Thompson (1936: 285) wurde er etwas sehr gewaltsam mit einem der nur einen unpaaren Schnabelaufsatz tragenden Hornvögel, dem afrikanischen Hornraben *Bucorvus abyssinicus* oder dem zwar sehr eindrucksvollen, jedoch kein Rot aufweisenden indischen Malabarhornvogel *Anthracoceros coronatus* gleichgesetzt. Zu beiden passen nicht die von Plinius erwähnten Schläfenhörner. Auch die Deutung als Bartgeier führt hier ins Leere.

Aus dem Mittelalter wird 1356 in der Kompilation von Reiseberichten unter dem Namen des Ritters Johann von Mandeville (1986: 153–154) als Herkunftsort eines in Mailand ausgestellten „Frankolin-Huhns" das Handelszentrum Ceylon angegeben (Kinzelbach 2008b: 123). Es soll ein „schöner" exotischer Vogel gewesen sein, mit hängendem schwarzem Bart an den Seiten seines krummen Schnabels, der größer als der eines Habichts war; wohl ein Bartgeier, sollte er doch Knochen verzehren und sogar verdauen.

Als letzte Alternative sei das Perlhuhn vorgestellt. Gallazzi, Kramer & Settis (2008: 416–418) deuten den „kerátinos" als Perlhuhn *Numida meleagris*. Dieses trägt am Kopf einen allerdings unpaarigen hornigen Aufsatz. Da für diese Art geläufige Namen (grch. meleagris, lat. numida) verfügbar waren, bestand eigentlich keine Notwendigkeit, einen neuen Namen zu prägen. Auch ist das „Horn" keineswegs das hervorstechendste Merkmal des Perlhuhns.

Das Perlhuhn ist durch einen sehr schlanken Hals charakterisiert und lässt keinen Absatz zwischen Nacken und Rücken erkennen. Es zeigt keine auffallende Trennung in Struktur und Färbung zwischen Ober- und Unterseite. Es ist fein gepunktet, wie dies auch durch alle Abbildungen aus der Antike wiedergegeben wird. Es gibt keine spezifische Übereinstimmung der Zeichnung des Zographos mit einem realen Perlhuhn. Daher wird diese Deutung verworfen.

Das Perlhuhn war ursprünglich in vielen Subspecies in ganz Afrika häufig. Im Niltal und im angrenzenden Vorderasien wurde es schon in prädynastischer Zeit ausgerottet, ein Schicksal, das es mittlerweile auch in den meisten anderen Teilen Afrikas erlitten hat. In Westafrika wurde es früh domestiziert, vielleicht auch in Ägypten vor der Verbreitung des ergiebigeren Haushuhns (v. Boetticher 1954). Für das Alte Ägypten ist es in Bildnissen und als Hieroglyphe belegt (Boettger

1958, Houlihan 1988: 82–83, Keimer 1942). Zur Zeit des Zographos war es in Ägypten frei lebend schon lange nicht mehr vorhanden, eher als seltenes Handelsgut aus dem Sudan oder als Schaustück in einer Menagerie. Es sollte ihm allerdings gut bekannt gewesen sein, denn in der klassischen Antike wurde das Perlhuhn von vielen Autoren im mythologischen, religiösen (als Opfertier) und im ökonomischen Zusammenhang erwähnt. Abbildungen gibt es in großer Anzahl auf Mosaiken und, bisher falsch gedeutet, im Wiener Dioskurides (Dioscorides 1970: Tafel gegenüber S. 484). Unter dem Namen „numida“ war die nordafrikanische Subspecies *Numida meleagris sabyi* bekannt, unter dem Namen „meleagris“ die afrikanische (ursprünglich auch vorderasiatische) Subspecies *Numida meleagris meleagris*. Im Mittelalter war die Art bis auf sehr wenige Nennungen vergessen (Thomas 1917, Kinzelbach 2008b). Erst im 15. Jahrhundert setzt wieder eine große Zahl von Abbildungen und Berichten über Importe ein, welche in die neuzeitlichen domestizierten Bestände einmünden (v. Bötticher 1954, Böttger 1958, Kinzelbach 2008b: 116–7).

V28 Flamingo – *Phoenicopterus ruber* Linnaeus, 1758
μύξος – mýxos
(Aves, Phoenicopteriformes, Phoenicopteridae)

Ein Stelzvogel schreitet, leicht nach vorn geneigt, nach links. An einen kompakten Körper schließt ein dünner Hals an (vgl. Kapitel 5.8), dann ein rundlicher Kopf mit einem fast dreimal so langen, hohen Schnabel, der von der Mitte an nach unten gekrümmt ist und spitz ausläuft. Der Körper ist distad zunehmend pigmentiert, wie in deutlicherem Umfang der des Flamingos. Kopf, Hals und Körper sind unregelmäßig mit Kalamos und Pinsel schattiert. Die Flügel sind, entsprechend der gesamten Haltung, nach oben gerichtet. Die langen Füße mit drei Zehen stehen in einer von Vegetation ringförmig umgebenen Fläche (Abb. 80, 81).

Die Haltung gleicht sehr stark der eines Purpurhuhns in Pompeji (Abb. 88). Zu dieser Art passt allein nicht der lange Hals und der ziemlich treffend wiedergegebene Flamingoschnabel. Dieser schließt auch Zuweisung zum Löffler (*Platalea leucorodia*) oder zum Schuhschnabel (*Balaeniceps rex*) definitiv aus (Gallazzi, Kramer & Settis 2008: 420). Ausgeschlossen werden kann auch die Übereinstimmung mit den frühesten Abbildungen südamerikanischer Tukane im 16. Jahrhundert (Thevet 1982) und damit auch das Vorliegen einer späten Fälschung.

Der zugehörige Name „mýxos“ ist in der ähnlichen Form „(s)myxôn“ bisher nur als Bezeichnung für die Meeräsche (*Mugil* spp.) bekannt, einen häufigen Wanderfisch der Flussmündungen des Mittelmeeres (Aristoteles hist. an. 543b15 und 570b2, vgl. Gallazzi, Kramer & Settis 2008: 420). Im vorliegenden Falle bietet sich weiterhin eine Ableitung von „mýxa“ in der Bedeutung von Schlamm, Schleim an. Dies würde sehr gut zum Aufenthaltsort des in Lagunen und Salzsümpfen lebenden und brütenden Flamingos passen.

Der Flamingo brütete bis 1909 im Nildelta (Goodman & Meininger 1989: 152). Er ist heute noch regelmäßiger Gast im Nildelta, im Fayum, bei der Oase Siwa, auf Schlammflächen in der Nähe des Suezkanals und an der Küste des Roten Meeres. In früherer Zeit war bei geringerer Störung durch den Menschen das Brutvorkommen zweifellos ausgedehnter. Aus dem Alten Ägypten ist er als Hieroglyphe sowie aus einer großen Anzahl von Abbildungen bekannt, beginnend mit der prädynastischen Zeit (Houlihan 1988: 35–36). Besonders reizvoll ist die abstrakte und dennoch naturnahe Gruppendarstellung auf einem Tongefäß von Naga el-Deir, Gerzean, Naquada II (Houlihan 1988: 35 fig. 48); weiterhin eine Abbildung mit eingerollten Schnäbeln ebenfalls aus der II. Negade-Kultur (Boessneck 1988: fig. 7a), welche die Darstellung eines Flamingogespanns unter weiteren Vögeln des Dionysos aus Piazza Armerina vorwegnimmt (Abb. 82).

Für den Zographos war diese Art ungewöhnlich genug, sie in seine Sammlung aufzunehmen. Der verbreitete, v. a. in lateinischen Quellen belegte Name „phoinikopteros“, „phoenicopterus“ tritt nicht auf. Er ist auch kaum zu erwarten, da er im Griechischen ursprünglich **nicht** den Flamingo, sondern das Purpurhuhn bezeichnete (**V32**), eine alte Verwechslungsgeschichte.

V29 Hyänenhund – *Lycaon pictus* Temminck, 1820
ἀστροκύων – astrokýon
(Mammalia, Carnivora, Hyaenidae)

Nach rechts laufend, Kopf nach links hinten gewendet. Hochbeinig, ein langer, zum Ende hin lang behaarter Schweif. Lange Hundeschnauze, ohne Zähne (vgl. **V01**), lange und spitze Ohren. Körper hell, gänzlich mit dunklen Flecken übersät. Nackenmähne, dunkel (Abb. 83).

Als zoologische Deutung des „astrokýon“ (Gallazzi, Kramer & Settis 2008: 422) kommt zwar spontan auch die Tüpfelhyäne in Frage, doch gibt es starke Einwände: Die zottige Mähne fehlt, der Schwanz ist hier deutlich länger, der Kopf zu spitz. Der Name „ἀστροκύων“, „Sternenhund“, ist nach den Tüpfeln im Fell verliehen. Analoge Namen im Tierreich gibt es mehrfach, z. B. Sterntaucher.

Der Hyänenhund war von Ägypten aus erreichbar. Nachweise gibt es aus Unter- und Mittel-Ägypten zu prädynastischer Zeit. Aus der 12. Dynastie stammt eine (oft fehlgedeutete) Abbildung im Grab des Ukh-hotep (Osborn & Osbornová 1998: fig. 7–90). Diese Art kam noch im 19. Jahrhundert bis in die Gegend von Chartum vor. (Abb. 84).

V30 Die „Überschrift“

Ohne Beziehung zu einer bestimmten Abbildung enthält die Gruppe der Zeichnungen auf dem Verso des Artemidor-Papyrus eine Art von Inhaltsangabe (Gallazzi, Kramer & Settis 2008: 425–426) (vgl. Kapitel 5.1):

> [ζῷα] τὸν Ὠκεανὸν | [οἰκοῦν]ṭα καὶ πτηṿὰ | κα[ὶ πεζ]ạ̀ [κα]ị κήτη
> „Tiere, die im Ozean leben, fliegende, laufende und Wale“.

Gallazzi, Kramer & Settis (2008: 425–426) halten es für möglich, dass der Zographos unter „Walen“ auch die drei Rochenarten, den Hammerhai und die Mönchsrobbe verstanden hat. Vermutlich hatte er jedoch Kenntnis von Aristoteles' Definitionen und meinte wirklich nur „richtige“ Wale. Zumindest die Rochen waren für ihn keine Wale. Dies bestätigt Aelian (nat. anim. XI 37) „Cartilaginea vocantur, quae squamis carent; ut muraenae, conger, torpedo, pastinaca, bos, mustellus; delphinus vero et balaena cete sunt: et haec quidem de aquatilibus sola vivipara“. („Knorpelige heißen die unbeschuppten wie die Muränen, der Meeraal, der Zitterrochen, der Stechrochen (vgl. **V23**), der Teufelsrochen (vgl. **V17**), der Hai. Der Delphin und der Finnwal sind Wale. Und diese allein sind unter den Wassertieren lebendgebärend“). Der Finnwal (**V40**) heißt bei Aelian „balaena“: der sich aufblähen kann.

Allerdings ist die „Überschrift“ wohl keine akademische Erläuterung, sondern eher eine Anpreisung auf einem Werbeprospekt, einem Falt- oder hier besser Rollblatt.

V31 Tiger – *Panthera tigris* (Linnaeus, 1758)
τίγρος – tigros
(Mammalia, Carnivora, Felidae)

Abgebildet ist, unverkennbar trotz einiger Unstimmigkeiten in den Proportionen, ein großer Tiger mit den charakteristischen Streifen und runden Ohren. Das Tier bäumt sich auf. Diese Haltung ist charakteristisch, denn der Tiger kann senkrecht über drei Meter hoch springen. Sein geöffnetes Maul lässt auf die Zunge blicken, wie beim „kastor" (**V06**) (Abb. 85, 86). Die Naturnähe und das kurzfristige Vorhandensein lebender Vorbilder in Alexandria im Jahre 20 v. Chr. trägt zur Datierung und zum Umfeld des Zeichners bei. Der Zographos könnte die gefangenen Tiere der Gesandtschaft — sie kamen z. T. zu Augustus nach Samos und mit ihm nach Rom, z. T. reisten sie über Alexandria dorthin — selbst gesehen oder Aufzeichnungen von Zeitzeugen verwendet haben (s. u., vgl. Kapitel 5.4). Damit wird eine unabhängige Datierung der Tierzeichnungen möglich (s. u.). In jedem Fall wird ein *terminus post quem* für die Tierzeichnungen gewonnen. Die vorliegende Zeichnung ist die älteste bildliche Darstellung des Tigers im Mittelmeerraum.

Vielleicht handelt es sich um ein männliches Tier, im Gegensatz zu den Tigerinnen der meisten Darstellungen dieser Art in der Antike (Toynbee 1983: 64 ff.).

Genitalien sind angedeutet. Dies könnte der beigefügte Name „tígros“ bestätigen, ein sonst nicht bekanntes Maskulinum an Stelle des zu erwartenden „tigris“. Die abweichende Sprachform kann jedoch auch eine Sprach-Unsicherheit ausdrücken, denn möglicherweise war Zographos anonymos kein Muttersprachler im Griechischen (vgl. Kapitel 5.7). Auch war der Anblick von Tigern im Jahre 20 v. Chr. in Alexandria neuartig, so dass für sie noch kein Name fest etabliert war.

Denn der ursprüngliche, wohl indische Name des Tigers ist „mantichora(s)“, der nur als Bezeichnung für ein Monstrum bis ins Mittelalter überlebt hat. Dieses Ungeheuer tradiert mit seinen angeblich drei Zahnreihen die konzentrische Streifung am Kopf des Tigers; die Ringelung des Tigerschwanzes wurde in vielen Ausgaben des Physiologus zu einem geringelten Skorpionschwanz umgedeutet. Tiger wurden in der Antiken Welt durch den Alexanderzug näher bekannt, zunächst aus Indien. Alexander der Große besaß angeblich gezähmte Tiger – wahrscheinlicher Geparden unter dem Namen „tigris“.

Der Name „tigris“ tritt früh im Umkreis der ägyptisch-ptolemäischen Kultur auf dem Nilmosaik von Praeneste auf. Allerdings sind auf dieser bildlichen Darstellung der Landschaft des oberen Nils nach den Ergebnissen der Expedition Ptolemaios’ II. (Steinmeyer-Schareika 1978) unter „tigris“ zwei gefleckte Katzentiere der Savanne dargestellt, ganz offensichtlich Geparden; denn „echte“ Tiger kommen in Afrika nicht vor. Die scheinbar falsche Benennung ergibt dennoch einen Sinn, denn die Grundbedeutung von „tigris“ ist „schnell“ (avest. tigraii- „Pfeil“ nach Kluge 2002) und passt hervorragend zum Geparden, dem schnellsten Säugetier, und findet sich in der Benennung des rasch fließenden Flusses Tigris (im Gegensatz zum trägeren Euphrat) wieder (vgl. **V22**).

Der abgerichtete Gepard („Jagdleopard“), häufig als fürstliches Geschenk aus dem Orient bezeugt, findet sich unter den Namen Leopard, Panther und sogar Löwe. Ein berühmtes Beispiel ist der Gepard Heinrichs des Löwen (1129–1195), sein sagenhafter „Löwe“. Dieser war der schließlich in Braunschweig anlangende Teil eines Geschenks des seldschukischen Sultans Izz ad-Din Kilidj Arslan II. (reg. 1156–1192), der Heinrich gelegentlich der Begegnung 1172 bei Tarsus als entfernten Verwandten betrachtete. Ursprünglich waren es zwei Geparden, die zusammen mit Wärtern auf abgerichteten Pferden ritten (vgl. Kinzelbach 2008b, Masseti 2009). Namensverwechslungen unter den nur selten gesehenen Großkatzen sind von der Antike (z. B. Plinius) bis ins Mittelalter (z. B. Albertus Magnus) gang und gäbe.

Aus Indien stammten mehrere Tiger, die Kaiser Augustus im Sommer 20 v. Chr. in Antiocheia zu Gesicht bekam. Sie erreichten (wohl nur teilweise, d. h. zumindest das nachstehend genannte Weibchen) im Winter 20/19 v. Chr. mit der indischen Gesandtschaft Samos. Zumindest ein Tiger gelangte von Samos direkt mit dem Kaiser nach Rom, während der Rest der Menagerie von Antiocheia den Seeweg über Alexandria nahm (vgl. Kapitel 5.4). Dort war nach Plinius (nat. hist. VIII 24, 65) vom göttlichen Augustus zur Einweihung des Marcellus-Theaters am 7. Mai 11 v. Chr. erstmals ein zahmes Tigerweibchen im Käfig gezeigt worden, wahrscheinlich das Geschenk der indischen Gesandtschaft. Auch Sueton

(Augustus 43,5) bezeugt den Tiger (neben einem Nashorn unbekannter Artzugehörigkeit und der Riesenschlange **V16b**) als Objekt einer Schaustellung in Rom (Kapitel 5.4). Für das Nashorn war schon – sehr fraglich – das Jahr 29 v. Chr. angesetzt worden (Toynbee 1983: 111, 392).

Erst viel später, in der Regierungszeit des Kaisers Claudius (41–54), wurden wieder vier Tiger vorgeführt (Toynbee 1983). Erst damals setzten der regelmäßige Fang von Tigern am Schwarzen Meer und ihre häufige Darstellung in der Kunst ein, meist im Umfeld des Dionysos-Kults. Dem widerspricht nur scheinbar, dass schon erheblich früher Seleukos I. Nikator (312–281 v. Chr.) dem Volk von Athen einen „Tiger" schenkte (Toynbee 1983). Wahrscheinlich war auch dieser ein Gepard mit Namen „tigris".

Von Indien erstreckte sich das natürliche Verbreitungsgebiet des Tigers nach Westen zum Iran bis in die Dschungelniederung des kaspischen Tieflands und von da sogar bis zur Südostküste des Schwarzen Meeres und nach Ostanatolien. Diese westlichen Vorkommen bestanden noch bis ins 20. Jahrhundert. Sie dürften jetzt erloschen sein. Vor allem aus dem Schwarzmeergebiet haben die Arenen der römischen Kaiserzeit ihre Tiger bezogen (vgl. Steier 1936, Kock 1990, Kinzelbach 1991).

V32 Purpurhuhn – *Porphyrio porphyrio* (Linnaeus, 1758)
ἀστακο[– astako- (suppl. ἀστακό[πτερος] astakópteros)
(Aves, Gruiformes, Rallidae)

Ein stehender Wasservogel von mittlerer Beinlänge nach links. Der verlorene Körper ist durch einige pigmentierte Randstücke teilweise rekonstruierbar, ovoid. Der Hals ist lang, ungewöhnlich dünn (vgl. Manierismen Kapitel 5.8) und trägt einen runden Kopf, beide mit unregelmäßiger Pigmentierung. Der Schnabel ist kräftig und weist eine Krümmung des Oberschnabels auf. Die Beine tragen lange, Wurzeln ähnliche Zehen, in Vierzahl. Sie stehen fest in einem unruhigen Kreis, der eine Vegetation wiedergibt (Abb. 87).

Der beigefügte Name ist ἀστακο-, „astako-", vielleicht „astakópteros". Er erinnert an „astakos", Krebs. Das *tertium comparationis* könnte ein Begriff für „stelzen" sein, vgl. „sterkomai" für Storch (Schüz 1986).

In Gallazzi, Kramer & Settis (2008: 432) wird die Zeichnung zum Flamingo gestellt. Dazu stimmen weder die kurzen Beine noch der kurze Schnabel. Auch kann „astako-" nicht von der Krebsnahrung der Flamingos abgeleitet werden. Denn seine bevorzugte Nahrung, das Salzkrebschen *Artemia salina*, wurde in der Antike bestimmt noch nicht in die zoologische Kategorie der Krebstiere (Crustacea) eingereiht, vielmehr unter „Gewürm". Noch heute heißt dieser Kleinkrebs als genießbarer „Fezzanwurm" nach seinem Auftreten in vom Winterregen aufgefüllten Sabkhas arab. „bahar al-dud", „Meereswurm".

Der verbreitete, vor allem in jüngeren lateinischen Quellen belegte Name „porphýrio(n)" tritt nicht auf. Ein älterer Name für das Purpurhuhn, sekundär auf den Flamingo übertragen, ist „phoinikopteros" (Thompson 1936: 304–306). Die

Bedeutung war „Purpurflügel", treffender „Purpurvogel" oder „Phönizischer Vogel". Letzteres stimmt damit überein, dass sowohl Purpurhuhn als auch Flamingo im Gefolge des besonders in Phönizien und Karthago verehrten Dionysos / Bacchus, teils mit umgehängten Trauben, auftreten. Ihre Farbe symbolisiert wie die des Amethysts, von „a-methystos", das Ausbleiben von Trunkenheit trotz eines Weinrauschs.

Dargestellt ist somit ein Purpurhuhn *Porphyrio porphyrio*. Diese Art war bis zur frühen Neuzeit um das ganze Mittelmeer an küstennahen Binnengewässern verbreitet. In Ägypten kommt es, allerdings abnehmend, noch immer als Brutvogel an allen geeigneten Stellen am Fluss und im Fayum vor. In der Römischen Kaiserzeit war das Purpurhuhn gut bekannt und wurde vielfach auf Wandmalereien, Mosaiken und Geschirr abgebildet (Abb. 88, 89). Als Leckerbissen geschätzt wurden besonders Tiere aus Kommagene. Plinius (nat. hist. X 129) beschrieb u. a. sein Verhalten, wahrscheinlich aus eigener Anschauung: Das Purpurhuhn ergreift Futter mit einem Fuß und führt es zum Schnabel.

V33 Vegetation

Möglicherweise Pflanzen, ähnlich, wie sie um den „myrmex" (**V22**) angeordnet sind. Nicht identifiziert. Diskussion bei Gallazzi, Kramer & Settis (2008: 433–434).

V34 Geflecht

Ein geflochtenes Büschel von haarartigen Strähnen. Nicht identifiziert. Diskussion bei Gallazzi, Kramer & Settis (2008: 435–436). Man könnte an die Schwanzquaste eines Panzernashorns denken, wäre es hängend statt waagerecht dargestellt.

V35 Vierhornantilope – *Tetracerus quadricornis* (Blainville, 1816)
Emend. „oryx quadricornis“ nach Aelian
(Mammalia, Artiodactyla, Bovidae, Tragelaphini)

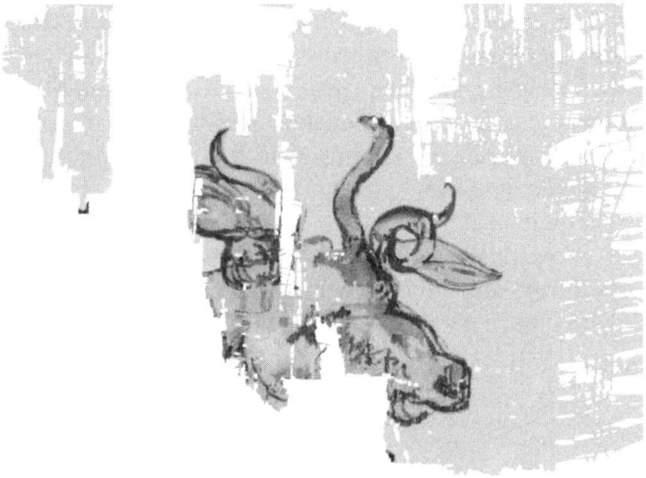

Erhalten ist nur der nach rechts gerichtete, leicht zum Betrachter gewendete Kopf eines Wiederkäuers, einer Antilope. Ein Name ist nicht erhalten. Für ein rinderartiges Tier (Gallazzi, Kramer & Settis 2008: 437–439) ist der Kopf zu schlank, mit großen, naturnah gezeichneten Ohren, vor denen je ein Paar relativ dünner, lyraförmiger Antilopenhörner (innen) und ein Paar kürzerer, spitzer, zur Seite geschweifter Hörner (außen) voreinander stehen. Letzteres war auf beiden Seiten ursprünglich mit einen spitzen Ende versehen. Erst **nachträglich** wurde es mit einer widderartigen Einkrümmung ergänzt, vermutlich in irrtümlicher Angleichung an das zuvor gezeichnete Jakobsschaf (**V04**). Ungeklärt bleibt, ob ein Vorsprung am Kinn ein leicht geöffnetes Maul wiedergeben soll oder ob es sich um den bei vielen anderen Tieren auf den Zeichnungen auftretenden Kinnbart handelt. Der Körper fehlt (Abb. 90, 91).

Für eine Deutung kommt die Vierhornantilope, auch Schikara, Chausingha, *Tetracerus quadricornis* aus Indien in Frage, die als einzige Art regelmäßig nicht nur zwei, sondern vier Hörner trägt. Sie bildet mit der Nilgauantilope die asiatische Gruppe der Tragelaphini, im Gegensatz zu den afrikanischen Boselaphini. Die Art ist mit nur 60 cm Körperhöhe bei einem Gewicht von 20 kg ziemlich klein. Ihr Rücken ist braun, ihre Bauchseite weiß. Nur die Männchen tragen Hörner. Die hinteren Hörner erreichen eine Länge von 10 cm, die vorderen sind wesentlich kleiner und werden bis zu 4 cm lang. Vierhornantilopen leben scheu in Wäldern Indiens und Nepals. Sie sind Einzelgänger. Vierhornantilopen sind bei Trophäenjägern sehr begehrt, was mit der Wertschätzung durch die indischen Könige der Antike übereinstimmt. Durch Bejagung und Zerstörung ihres Habitats ist der Bestand erheblich reduziert und steht in Indien und über das CITES (Convention on International Trade in Endangered Species of Wild Fauna and Flora, Washingtoner Artenschutz-Abkommen) international unter strengem Schutz.

Aelian (nat. anim. XV 14) schreibt: „Adferunt regi suo Indi animantes diversas, ut tigrides cicures, pardos mansuetos, oryges quadricornes: item boum genera duo …" („Die Inder bringen ihrem König verschiedene Tiere wie zahme Tiger, abgerichtete Geparden, vierhörnige Antilopen: ebenso zwei Arten von Rindern …"). Daher ist plausibel, dass die indische Gesandtschaft auch dem römischen Princeps ein solches Königen würdiges Tier zudachte. Die Vierhornantilope gehörte offenbar zur Menagerie der indischen Gesandtschaft von 20 v. Chr.

Die genannte Ergänzung der spitzen vorderen Hörner zu einem Widderhorn deutet die Unsicherheit in der Erinnerung des Zographos an, der sich erst nach Zögern zu einer Abrundung der Darstellung entschlossen hat. Oder es lag ein „richtiges" Vorbild vor, ausschließlich mit spitzen Hörnern, welches dann nach dem Vorbild des Jakobsschafs verschlimmbessert wurde.

V36 Ganges-Weichschildkröte – ***Trionyx*** **(*Aspideretes*)** ***gangetica*** (Cuvier, 1825)
„chelone potamia trípechys"
(Chelonia, Cryptodira, Trionychidae)

Gut sichtbar ist eine rechte Vorderpfote, flossenartig verbreitert, mit einer langen und weiteren kürzeren Klaue. Die im Spitzenbereich erhaltene Hinterpfote ist flossenartig mit breiten Zehen. Der untere Halsansatz und Kopf sind gerade noch erkennbar. Die Absetzung des Körpers (Schild) gegen den Hals ist undeutlich, was der Realität entspricht. Der Vorderfuß und der sichtbare Rand des Körpers bzw. Schildes sind gefleckt pigmentiert. Die rechte Körperflanke, fragmentiert, mit glattem Rand legt einen Rückenschild nahe, der entscheidend dadurch bestätigt wird, dass er durch einen sonst unverständlichen Bogen links von diesem Objekt zu einem runden Rückenschild ergänzt wird. Er ist durch den Riss im Papyrus etwas zu weit abgetrennt, so dass der Schildumriss oval statt wie beim lebenden Tier mehr rundlich erscheint (Abb. 92–94).

Der Name endet oberhalb der Zeichnung mit den Buchstaben]ροι, gedeutet als Ende von χέρσυδ]ροι, „chérsydroi" (vgl. oben V03); man könnte wohl auch]ροϛ̣ lesen, was auf den Singular χέρσυδ]ρος (chérsydros) führt. Dieser Name paßt zur Flußschildkröte, die auf dem Land und im Wasser lebt. In der Literatur heißt sie auch „chelone potamia trípechys" (Strabon geogr. XV 1, 73 nach Nikolaos von Damaskos, FGrHist 90 F 100).

Aelian (nat. anim. XII 41) bezeugte allgemeine Kenntnis großer Flußschildkröten im Einzugsgebiet des Indus: „In eo etiam testudines nascuntur, quarum testa non minori magnitudine sit, quam dolium capax viginti amphorarum." Zur Artbestimmung der Zeichnung des Zographos als Schildkröte verhilft die

Menagerie der indischen Gesandtschaft des Jahres 20 v. Chr. (Kapitel 5.4). Sie führte in Daphne u. a. eine drei Ellen (ca. 1,30 m) große Flussschildkröte „chelonen potamian trípechyn“ mit sich (Strabon geogr. XV 1, 73 nach Nikolaos von Damaskos FGrHist 90 F 100). In Frage kommt die Indus und Ganges und in diesem Falle den Narmada-Fluß bewohnende Ganges-Weichschildkröte *Trionyx* (*Aspideretes*) *gangetica* von bis zu 94 cm Schildlänge (Abb. 95). Die mittlerweile sehr differenzierte Systematik dieser Gattung ist bei Praschag, Hundsdörfer, Reza & Fritz (2007) nachzulesen.

Im Nil gibt es die auf dem Punt-Relief der Königin Hatschepsut dargestellte Nil-Weichschildkröte *Trionyx triunguis* (Boessneck 1988: Abb. 184, 185) (Abb. 96).

V37 Graureiher – *Ardea cinerea* Linnaeus, 1758
ἀνεμοσκάπτης – anemoskáptes
(Aves, Ciconiiformes, Ardeidae)

Ein langbeiniger Vogel nach links. Geblieben sind zwei Beine in leichter Bewegung, auf Grasgrund. Eine schwarze Schwanzspitze ist vom Körper erhalten; vom Kopf zwei lange, nach hinten gerichtete Schmuckfedern (Abb. V37/1), die eindeutig auf einen Reiher schließen lassen.

Die vorliegende Lesung des Namens durch Gallazzi, Kramer & Settis (2008: 444) „anemoskáptes", „Windtaucher", ist sehr poetisch. Sie könnte zu einem elegant fliegenden Reiher passen.

Zur Deutung verhelfen Bilder des Graureihers aus dem Alten Ägypten: Deir el-Medina, Grab des Irinefer nr. 290; Ramessiden und Nefertari, Tal der Könige (Abb. 97). Sie können geradezu deckungsgleich über das vorliegende Fragment des Zographos gelegt werden. Die verbliebene schwarze Schwanzspitze legt die

Identifikation mit dem Graureiher *Ardea cinerea* nahe, nicht mit einem der in Ägypten vorkommenden weißen Reiher von gleicher Gestalt. Auf ältägyptischen Bildnissen sind die Reiherarten mangels Farben meist nicht zu unterscheiden. So trennt Houlihan (1988: 14 ff.) nur die Gattung *Ardea* (überwiegend Graureiher) und die Gattung *Egretta* (überwiegend Seidenreiher).

Der Graureiher ist heute in Ägypten gelegentlich Brutvogel, meist Durchzügler und Wintergast. Der Zeichner des Artemidor-Papyrus empfand ihn offenbar als Besonderheit. Vielleicht war er seltener als heute. Vielleicht wirkte auch eine Tradition der Verehrung einer ähnlichen Reiher-Art nach, des Purpurreihers, der nach Thompson (1936: 306–309) als „bennu“ dem ursprünglichen ägyptischen Phönix entsprach.

V38 Karakal überfällt ein Mähnenschaf

V38a Karakal – *Caracal caracal* (Schreber, 1776)
λύγξ – lynx
(Mammalia, Carnivora, Felidae)

Ein monochromes, helles Katzentier mit spitzen, bequasteten Luchsohren, jedoch einem etwas zu langem Schwanz für einen naturgetreuen Luchs, springt ein Wildschaf (**V38b**) an. Sein Name λύγξ, „Luchs" ist eindeutig lesbar. Er bezieht sich allgemein auf ein Katzentier mit leuchtenden, scharfen Augen. Plinius, der den Luchs aus Gallien unter den Namen „chama" und „rufius" korrekt beschreibt (nat. hist. VIII 70), gibt weiterhin an (nat. hist. VIII 137; VIII 72) „Lyncas vulgo frequentes … Aethiopia generat." Leitner (1972: 81) deutet das Tier zu Recht als Karakal. Denn ein Luchs der heutigen zoologischen Gattung *Lynx* kommt als Vorbild nicht in Frage: Die Fleckung des Fells fehlt, der Schwanz ist zu lang, echte Luchse kommen in Afrika nicht vor. Das Tier ist dem unter **V06** abgebildeten κάστωρ recht ähnlich (Abb. 98). Ein ähnliches Tier mit allerdings übertrieben langen und buschigen Ohren ist auf dem älteren Tierfries von Marissa dargestellt (Meyboom 1995: pl. 62).

Als Deutung bietet sich somit der Wüsten„luchs" oder Karakal *Caracal caracal* an (Abb. 100). Er war in Nordafrika und Vorderasien einst weit verbreitet und ist mit den europäischen Luchsen nicht näher verwandt. Er hat einen mittellangen Schwanz und seine charakteristischen Ohrpinsel sind konvergent entstanden.

Ein ähnliches Tier mit der gleichen Benennung, allerdings gefleckt, ist sehr verunstaltet auf dem Nilmosaik von Palestrina abgebildet. Seine endgültige Deutung steht noch aus. Es handelt sich dort auf Grund der Fleckung wahrscheinlich um einen Serval, *Leptailurus serval*.

V38b Mähnenschaf, Berberschaf – *Ammotragus lervia* (Pallas, 1777)

αἴγαγρο[ς] – aígagros

(Mammalia, Perissodactyla, Bovidae, Caprini)

Der Karakal fällt einen kräftigen Hornträger an, der ihm an Größe weit überlegen ist. Seine Vorderläufe sind gespreizt nach vorn als Stütze gestreckt, die Hinterläufe eingeknickt. Der Körper ist monochrom bis auf dunklere Bereiche im Nacken und Vorderrücken. Der Wedel ist relativ lang und dünn. Das Tier trägt einen ausgeprägten Bart am Kinn, wie er in dieser Form beim Mähnenschaf nicht auftritt (Abb. 99).

Für die zoologische Deutung kommt nach dem sehr charakteristischen Gesichtsschnitt, der Form der Hörner und der erwähnten dunkleren Tingierung im Bereich des Vorderrückens nur das wildlebende Berberschaf *Ammotragus lervia* in Frage, das in der Subspecies *A. l. ornata* (Audouin, 1829) in der Ostwüste Ägyptens vorkam. Aus der Form der Hörner, dem Fehlen einer ausgeprägten Brustmähne und der primären Geschlechtsorgane darf auf ein weibliches Tier geschlossen werden.

In Frage kommt auch nach der Beischrift „aigagros" eine Wildziege (Gallazzi, Kramer & Settis 2008: 447). Die Art ist bei antiken Autoren unter Namen wie „bos Libycus", „fera capra" vielfach erwähnt. Columella (res rustica VII 2) berichtete über Vermischung mit Hausschafen. Keller (I, 1909: 317) reproduziert den Kopf einer Goldnadel aus Grab 4 von Mykenae nach Schliemann, der gut die Gestalt des Mähnenschafs wiedergibt (Keller I, 1909, Abb. 120).

V39 Mönchsrobbe – *Monachus monachus* (Hermann, 1779)
σαῦρος – saûros
(Mammalia, Pinnipedia, Phocidae)

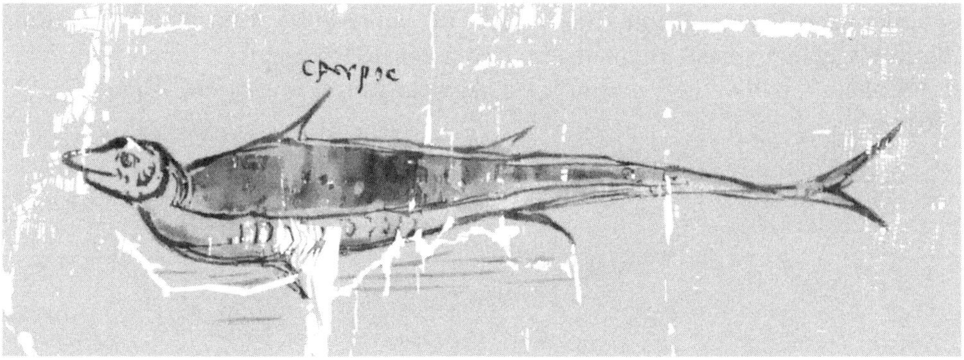

Ihr Name ist „saûros" nach Gallazzi, Kramer & Settis (2008: 451). Er bezeichnet einen sich schlängelnden Vierbeiner, z. B. Eidechsen, Skinke. Die Semantik ist identisch mit deutsch „Robbe", der Bezeichnung für ein Wassertier, benannt nach dessen mühsamer Art der Fortbewegung an Land, vgl. auch „Raupe" und lat. „repere", „kriechen". Daher ist eine Deutung als Reptil von vornherein abwegig.

Dem entspricht die Zeichnung. Gezeigt ist ein Wassertier mit spindelförmigem Körper. Dieser ist mit einer Linie in einen dunkleren Rücken- und helleren Bauchbereich unterteilt. Er trägt vier spießförmige Extremitäten, die den beiden Körperseiten zuzuordnen sind und wie bei anderen Zeichnungen (z. B. Finnwal) unter Anwedung einer Drehperspektive sichtbar sind. Die vorderen entsprechen den flossenartigen Vorderbeinen, die hinteren sind schematische Ergänzung, da sie eigentlich das Körperende markieren sollten. Dieses folgt erst mit einer starken Verjüngung des Rumpfes in Form eines Gabelschwanzes. Der nach links weisende Kopf ist durch einen Hals vom Rumpf deutlich abgesetzt. Seine Form, die Lage von Auge und Ohröffnung und die Mundspalte mit leichtem Überbiss passen zu einem Vertreter der Robben (Abb. 101, 102).

Ungeachtet der Missverständnisse zur Anatomie der Hinterbeine bzw. des Körperendes einer Robbe sprechen der abgesetzte Säugetierkopf, die großen Augen, Ohrenflecken und die Gegenschattierung von Rücken und Bauch für das Vorliegen einer Robbe. Offen ist, ob sie auch zu den „kete" gezählt wurde. Mit Sicherheit liegt kein Fisch (Bastardmakrele, *Trachurus* spp.) vor, wie in Gallazzi, Kramer & Settis (2008: 455) erwogen.

Im Mittelmeer kommt nur die Mönchsrobbe *Monachus monachus* vor, die darüber hinaus im Lusitanischen Meer bis nach Madeira und südwärts bis zum Banc d'Argouin und zu den Kapverdischen Inseln auftrat (Ronald & Duguy 1979, Marchessaux 1990, Kinzelbach & Boessneck 1991). Einst häufig und an allen geeigneten Plätzen, heute bis auf geringe Restbestände ausgerottet. Sie gab in der Antike Anlass zu Toponymen und zu Münzbildern. Ausführlich ist sie als „phoca" und „vitulus marinus" behandelt bei Plinius (nat. hist. IX 19) mit vielen Arten der Verwendung, einschließlich der Dressur. Auf Kos gibt es ein Mosaik mit einer den Eigennamen „Euploia" tragenden Mönchsrobbe, „die gewandt schwimmende" oder nach Toynbee „gute (See-)Reise" (Toynbee 1983: 195). Kaiser Augustus führte angeblich, einst traumatisiert durch einen Blitzschlag, fortan stets eine Robbenhaut („pellis vituli marini") zur Abwehr mit sich (Sueton, Augustus 101, 150).

V40 Finnwal – *Balaenoptera physalus* (Linnaeus, 1758)
φύσαλος – phýsalos
(Mammalia, Cetacea, Mystacoceti, Balaenopteridae)

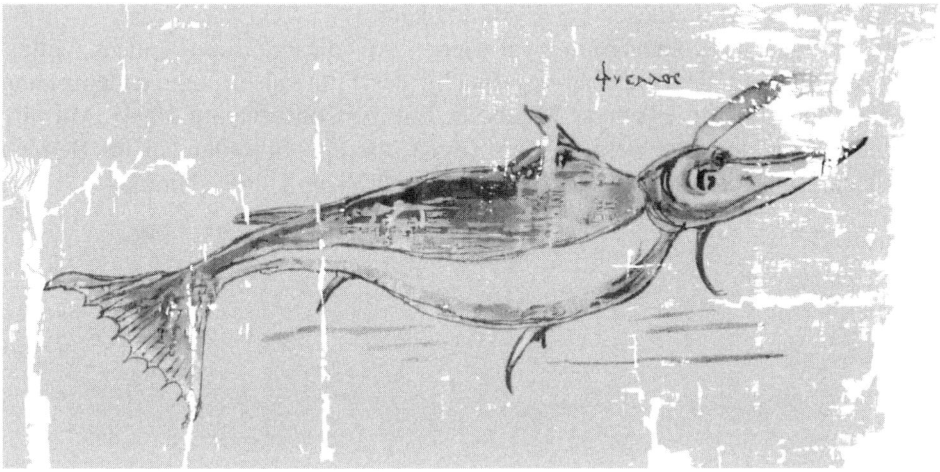

Dargestellt ist ein offenbar großes Tier nach rechts. Der Kopf mit langen Kiefern ist durch eine unnatürlich starke Einschnürung vom Rumpf abgesetzt, vielleicht um mit diesem Hals den Säugetiercharakter der abgebildeten Art zu betonen. Er läuft mit langem Ober- und Unterkiefer spitz zu. Der Mund ist geschlossen. Am Kinn ein spitzer Bart. Das rechte Auge ist deutlich ausgeführt, ein darüber gelegener Fleck mag das Spritzloch darstellen. Kurz hinter ihm erhebt sich eine schräg nach vorn ziehende Wolke, mit der nur der Blas des Wals gemeint sein kann (Abb. 103, 104).

Der Körper gibt die Gestalt eines Bartenwals treffend wieder. Er ist mit einer Linie in eine dunkel angelegte Rücken- und eine helle Bauchregion unterteilt. Im vorderen Teil der Unterseite eine Gruppe Längsstreifen an der Stelle, an der die Furchen eines Furchen- oder Bartenwals zu erwarten sind. Am Bauch zwei schmale Flossen(paare). Das vordere entspricht den am Vorbild vorhandenen Flossen des Schultergürtels, das hintere ist in der Annahme einer Vierfüßigkeit erfunden. Auch zwei flossenartige Vorsprünge am vorderen und hinteren Rücken sind nur einer schematischen Ergänzung zu verdanken. Die Schwanzfluke liegt waagerecht, ist nicht deutlich zweilappig. Sie zeigt eine Reihe spitzer Ausläufer, die den Tropfenströmen einer beim Abtauchen in die Luft ragenden Fluke entsprechen mögen. Wie beim Blas spricht diese Formgebung dafür, dass in das Bild auch die Beschreibung eines lebenden Finnwals eingegangen ist.

Neben dem Pottwal ist unter den „kete" mit dem Finnwal auch die häufigste Art von großen Walen des Mittelmeeres vertreten. Sein Name ist φύσαλος „phýsalos" nach Gallazzi, Kramer & Settis (2008: 454). Er entspricht mehreren

Nennungen in der Antike, die sich auf Bartenwale beziehen, vgl. Thompson (1947: 280–281) unter phýsalos, physetér. Der sprechende Name („aufgeblasen") spielt auf die Größe der Art an, gibt aber auch gut den Eindruck eines gestrandeten Exemplars wieder. In einer Parallelbildung (Konvergenz) wird der gleiche Name für Kugelfische verwendet, die sich tatsächlich aufblasen können. Die Abbildung **V40** zeigt zu diesen keine Ähnlichkeit.

Die Zeichnung gibt einen Bartenwal wieder. Aus dieser Gruppe tritt im Mittelmeer, vor allem im Westen, sehr regelmäßig der Finnwal in einer endemischen Subspecies auf (Istituto „Tethys" Milano & Europe Conservation 1994). Mit ihm stimmt die Abbildung in wesentlichen Zügen überein. Strandungen im Bereich von Alexandria sind bekannt. Vgl. auch Oppian (hal. I 368; Thompson 1947: 280).

V41 Marabu – *Leptoptilus crumeniferus* (Lesson, 1831)
ἰχθυοβόλος πελεκάν (ἰχθυ̣[οβό]λ̣ο̣ς π̣ε̣λ̣ε̣κ̣ά̣ν) – ichthyobólos pelekán
(Aves, Ciconiiformes, Ciconiidae)

Ein nach links gewendeter, großer Vogel, dessen linkes, kurzes und kräftige Bein nach hinten gerichtet vielleicht auf dem Land steht, ohne weitere Einzelheiten aufzuzeigen, etwa Schwimmhäute. Das rechte Bein müsste nach vorn gerichtet sein, weil der Vogel sonst nach vorn kippen würde. Es ist verdeckt bzw. nicht erhalten. Der Vogel könnte auch auf dem Wasser sitzen, was die kopflastige Haltung besser verstehen ließe; allerdings ist dafür zu viel vom Bein sichtbar. Schließlich steht er möglicherweise im Wasser, was das Fehlen des distalen Teils eines weit längeren Beines erklärte; diese Deutung ist möglich, weil das Bein in die gleiche graue Fläche eintaucht, die vor dem Vogel als Wasserfläche liegt. Das ganze Tier ist mittels Strichelung und Pinselarbeit inkonsequent schattiert. Heller erscheinen die Flügeldecken, die Umgebung des Auges und der proximale Oberschnabel.

Der Hals ist kräftig, mäßig lang, der Kopf rund. Der Schnabel ist sehr spitz und geschlossen, zeigt ein Nasenloch und eine dünne Linie, die als Schnabelspalte gedeutet werden kann. Sollte es sich nur um den Oberschnabel handeln, stellt sie eine bei Pelikanen tatsächlich vorhandene Längsrinne dar. Unter dem Schnabel ragt ein spitzer schwarzer Vorsprung hervor, der sich distad zuspitzt: Er ist unphysiologisch nach unten gebogen. Von Gallazzi, Kramer & Settis (2008: 459) wird er als Unterschnabel gedeutet, durch den der Beschauer von links in den Rachen schauen soll, eine sonst nicht nachvollziehbare Drehung des Kopfs vorausgesetzt. Diese Deutung ist von der Form, der Struktur und der zu geringen

Länge des Vorsprungs her nicht überzeugend. Er müsste auch aufgrund des daran angewachsenen Kehlsacks weit umfangreicher sein. Ein Kehlsack, typisch für Pelikane, ist nicht gezeigt. Der Vorsprung könnte im Falle der Deutung als Pelikan als „Mumienbart“ angesprochen werden (vgl. Kapitel 5.8), im Falle der Deutung als Marabu als dessen real vorhandener Kehllappen (Abb. 105–108). Dieser ist ein nicht mit Vorderdarm oder Bronchien verbundener Anhang zum Imponieren, kein Kropf oder Kehlsack, ungeachtet des arabischen Namens „Abu Sein“, „Vater des Sackes“.

Der zugehörige Name ist ἰχθυοβόλος πελεκάν „ichthyobólos pelekán“, „der fischende (Fische werfende) Pelikan.“ (Gallazzi, Kramer & Settis 2008: 458). Dem liegt die Fangweise bei Reihern, Störchen, nur gelegentlich auch bei Pelikanen zugrunde. Sie erfassen zuweilen den Fisch quer und müssen ihn durch geschicktes Hochwerfen und Auffangen in Längsrichtung in den Schlund befördern. Ein Pelikan schöpft in der Regel die Fische mit Hilfe seines unter die Wasseroberfläche gebrachten Kehlsacks, meist in Gruppen jagend. Für die Deutung stehen ein Pelikan oder ein Marabu zur Verfügung. Die Benennung des in Alexandria unbekannten Marabus als „Pelikan“ ist leicht zu erklären durch die Größe, den mächtigen Schnabel, die Fischnahrung und das Leben am Wasser.

In Ägypten treten seit alters her die Arten Rosapelikan *Pelecanus onocrotalus,* Krauskopfpelikan *Pelecanus crispus* und in Oberägypten der Rötelpelikan *Pelecanus rufescens* auf. Ihr relativer Anteil hat sich wohl seit dem Alten Ägypten verändert, wie dies auch für Mitteleuropa bekannt ist (Kinzelbach 2009 im Druck). Im Alten Ägypten gibt es seit prädynastischer Zeit vorzügliche Wiedergaben von Pelikanen, die den Zeichner des Artemidor-Papyrus (vorausgesetzt, dass er einen Pelikan darstellen wollte) weit in den Schatten stellen (Houlihan 1988: 10–13). Der Krauskopfpelikan ist heute, gegenüber einem einzigen historischen Bericht über große Scharen im Fayum, nur vereinzelt in Ägypten anzutreffen (Meinertzhagen 1930). Trifft die Deutung von Houlihan (1988: 12, fig. 14) zu, so gehört eine Gruppe gefangener Pelikane mit Eiern zum Krauskopfpelikan (Grab des Haremhab 78 in Theben, 18. Dynastie, Brack & Brack 1980). Boessneck (1988: 99, fig. 163) bezeichnete die Tiere im Text als Rosa-, in der Bildunterschrift als Krauskopfpelikane. Es erhebt sich die Frage, ob das einzige von Houlihan zugrunde gelegte Merkmal eines rauen, „shaggy“ Gefieders zur Identifikation ausreicht oder ob dieses eine einmalige Eigenart des Künstlers war. Die Aufrauung tritt nämlich gerade nicht am Kopf auf, wo sie im Brutstatus der adulten Tiere deutlich werden sollte. Alle anderen Bilder und Funde betreffen den Rosapelikan, schwer zu unterscheiden vom Rötelpelikan. Knochen von Rosa- und Rötelpelikane wurden in Anzahl aus dem Satettempel auf Elephantine (Altes Reich) geborgen (Boessneck 1988: 94, Tab, 10). Knochen vom Rosapelikan wurden vom Tell el-Daba'a (1800–1500 v. Chr.) nachgewiesen (Boessneck 1988: 95, tab. 11). Heute ist der Rosapelikan regelmäßiger Durchzügler in mehreren Tausend Exemplaren in beiden Richtungen auf einer Route, die mit der des Weißstorchs übereinstimmt, über den Sinai, von Ras Muhammed an die Küste nördlich von Hurghada, durch die Wüste nach Qena und von dort flussaufwärts zum Sudan (Goodman & Meininger 1989: 126). Früher rastete er auch im Delta.

Der Vogel des Zeichners der Tierbilder des Artemidor-Papyrus sollte, wenn überhaupt ein Pelikan, ein Rosapelikan sein. Außer der statistischen Wahrscheinlichkeit — diese Art ist in Vergangenheit und Gegenwart weit häufiger nachgewiesen — gibt es auch strukturelle Kriterien: er trägt kein krauses Gefieder an Kopf oder Nacken. Um sein Auge ist ein helles Feld sichtbar, das mit der gelben Gesichtshaut des Rosapelikans im Brutkleid übereinstimmen könnte.

Weit überzeugender ist allerdings die vom Autor von Anfang an favorisierte Deutung als schreitender afrikanischer Marabu *Leptoptilos crumeniferus*. Für einen Pelikan ist der geschlossene Schnabel zu gerade und zu spitz, ohne den Haken am Oberschnabel eines Pelikans. Der Bart würde zum Kehllappen des Marabus passen. Dieser steht nicht mit dem Verdauungstrakt oder der Luftröhre in Verbindung, sondern hat nur Signalcharakter. Die den Hals zum Rücken hin begrenzende Linie und die Begrenzung oberhalb des Flügelbugs umschreiben deutlich ein eiförmiges Feld, welches von Lage und Umfang mit der roten nackten **Nackenblase des Marabus** übereinstimmt. Das Tier müsste längere Beine haben; diese sind in undeutlichen Linien unterhalb des Körpers versteckt oder das Tier ist im Wasser watend dargestellt. Der Marabu ist in jüngerer Zeit frei lebend noch nicht in Ägypten gefunden worden. In Afrika südlich der Sahara ist er verbreitet und als Aasfresser leicht in Gefangenschaft zu halten. Einzelne Stücke können problemlos nach Alexandria gebracht worden sein.

Für die prähistorische Zeit gibt es Belege aus Oberägypten bzw. Nubien, durch Kleinreliefs belegt (Vandier 1952: 545, f. 365) (Abb. 108). Damit ist er formal Teil der paläarktischen Fauna, wie u. a. die für das Alte Ägypten nachgewiesenen Arten Nimmersatt *Mycteria ibis*, Abdimstorch *Ciconia abdimii*, Sattelstorch *Ephippiorhynchus senegalensis*, Schuhschnabel *Balaeniceps rex*, Heiliger Ibis *Threskiornis aethiopicus,* Hagedaschibis *Bostrychia hagedash*, Kronenkranich *Grus pavonina,* Sekretär *Sagittarius serpentarius* (vgl. Eck 2001).

5. Konzept und Zeichner

Die Tierzeichnungen des Artemidor-Papyrus lassen sich in Ermangelung direkter Parallelen und eines ausführlichen erläuternden Textes im Wesentlichen nur aus sich selbst erklären. Für wenige Abbildungen können Vorläufer vergleichend hinzugezogen werden. Einige Motive finden sich in der Fülle späterer antiker Tierbilder wieder. Sie könnten im Idealfalle aus der vorliegenden Bildersammlung direkt hervorgegangen sein. In der Regel handelt es sich jedoch um spätere, fortführende Darstellungen aus dem zeitlichen und räumlichen Umfeld des hier betrachteten Materials. Sie werden in Gallazzi, Kramer & Settis (2008) ausführlich erörtert. Dieser Vergleich mit nur seitenverwandtem Material ist legitim, weil an bestimmten Bildmotiven über lange Zeit fast unverändert festgehalten wurde. In der Traditionskette erfahren sie allerdings eine Evolution, die im Gegensatz zu der in der Natur nicht auf Genen, sondern auf Memen beruht.

Wichtig ist jeweils die Beachtung der Zeitstellung zur Unterscheidung von Vorbild und Nachahmung. Die Fülle der späteren Darstellungen wird nur dann fruchtbar, wenn eine Synapomorphie, eine auf gleichen Vorbildern beruhende Seitenverwandtschaft wahrscheinlich gemacht werden kann. Dies erscheint für einige der Tierbilder des Artemidor-Papyrus möglich, die späteren Werken so ähnlich sind, dass sie fast als direkte Vorlagen für Mosaiken in Italien betrachtet werden könnten, z. B. Greif, Pistrix, Elefant im Kampf mit der Riesenschlange. Möglicherweise ist der Höckerschwan im Artemidor-Papyrus und der im Wiener Dioskurides auf eine gemeinsame alte Wurzel, nämlich die aristotelischen Tierdarstellungen, zurückzuführen.

Die Quelle, ihre Entdeckungsgeschichte, ihr Erhaltungszustand, ihr Alter, das Schreibmaterial und seine mehrfache Verwendung sind in Gallazzi, Kramer & Settis (2008) ausführlich und sachkundig dargestellt worden. Um Wiederholungen zu vermeiden, wird hier nur sehr vereinzelt darauf eingegangen. Gegenstand der vorliegenden Untersuchung ist die biologische Identität der abgebildeten Tiere. Zu einer plausiblen Determination im Sinne der Zoologie werden Übereinstimmungen in Struktur, Verhalten und Verbreitungsgebiet der jeweiligen mutmaßlichen Vorbilder geprüft. Hinzu kommt die Ermittlung des raumzeitlichen Schnittpunkts, an dem sich Zeichner und Tier begegnet sind, sei es real oder aus zweiter Hand, aus älteren Schriften, Berichten oder Bildnissen.

Dazu muss der Zweck der Abbildungen hinterfragt oder ein Bildkonzept identifiziert werden. Der Sachverstand des Künstlers hinsichtlich der dargestellten Tierwelt ist zu überprüfen. Weiterhin muss seine technische Fertigkeit betrachtet werden, nämlich wie gut diese dem Anspruch der Darstellung genügt. Dies führt zur Analyse des Stils, zur Suche nach Stereotypen, Manierismen. Ideal wäre ein vollständiger ikonographischer Vergleich nach Arten, für den hier weder Raum noch Zeit zur Verfügung steht.

5.1 Die Auswahl der Tiere

Beginnen wir mit der „Überschrift" des Zographos anonymos (**V30**): „Tiere, die im Ozean leben, und fliegende und laufende und Wale". Für philologische Einzelheiten vgl. Gallazzi, Kramer & Settis (2008: 425–426). Die meeresbewohnenden Tiere sind Fische *sensu lato* und ein Krebs. Es gibt zehn Vögel „ptená", mit Ausreißern zum Geparden „myrmex", dessen Flügel nur seine Geschwindigkeit symbolisieren, und zum Halbvogel „gryps". Unter den „laufenden" terrestrischen Vierfüßern „pezá" werden Reptilien *sensu lato* (einschließlich der fußlosen Schlangen) und Säugetiere verstanden. Schließlich folgen die beiden Wale, biologisch zutreffend gruppiert, mit Ausnahme der ebenfalls Luft atmenden und das Meer bewohnenden Mönchsrobbe. Es gibt keinen mehr als gefühlsmäßigen Grund, unter den Walen auch die großen Rochen und Haie zu verstehen, wie Gallazzi, Kramer & Settis (2008) vorschlagen. Die Definition bei Aristoteles ist eindeutig und Zographos erweist sich als gebildeter Mann (s. o. **V30**). Er hat dieses Taxon nicht ohne Überlegung und besondere Kenntnis hervorgehoben. Verdeutlicht wird dies durch die Darstellung des Blas beim Finnwal (**V40**).

Alle dargestellten Arten des Ozeans, die Knochen- und Knorpelfische, die Wale nebst Mönchsrobbe und der Fangschreckenkrebs sind Bewohner des Mittelmeeres und konnten unmittelbar von Alexandria aus oder auf kurzen Reisen wahrgenommen werden. Übrig bleiben die schwer deutbaren Meeresungeheuer „xiphias" und „thynnopristis" (**V09**), die zwar auf reale Fische und Wale zurückgehen, jedoch hier offenbar einem bereits seit längerer Zeit bestehenden Kanon von Fabelwesen entnommen wurden.

Offensichtlich bestand die Absicht, Besonderheiten, nicht alltägliche Tiere abzubilden. Denn es fehlen bis auf wenige Ausnahmen (z. B. Nilgans, Purpurhuhn) die Tierarten des traditionellen altägyptischen Kanons: Kein Falke, kein Ibis, kein Krokodil, kein Löwe. Auch gibt es keines der europäischen Wildtiere des römischen Zirkus wie Bär, Rothirsch, Wildschwein. Es fehlen weiterhin die vertrauten Haustiere wie Rind, Esel, Pferd, Dromedar, Haustaube.

Dargestellt werden von Haustieren wiederum nur die Ausnahmen, z. B. kein gewöhnliches Haushuhn, sondern das Haubenhuhn, keine gewöhnlichen Hausschafe, sondern das Jakobsschaf. Es fehlen kleine Tiere; die geringsten Längenmaße zwischen 25 und 70 cm besitzen der Fangschreckenkrebs und der Papageifisch. Die dargestellten Tierarten sind ganz überwiegend komplementär zu denen auf dem Nilmosaik von Praeneste, dessen Vorbild in Alexandria zu suchen ist. Überschneidungen sind z. B. Giraffe, Tüpfelhyäne, Gepard, mit afrikanischen Vertretern Elefant, Python und Weichschildkröte. Allerdings geben solche Aussagen nur Tendenzen wieder, denn es muss beachtet werden, dass etwa 1/6 der ursprünglich verfügbaren Fläche verloren ist und dass das Ende des Papyrus fehlt.

Dargestellt sind überwiegend real existierende Arten. Nur wenige tragen teilweise oder ganz Züge mythologischer Wesen (myrmex, gryps, xiphias und thynnopristis). Tierkämpfe werden mehrfach gezeigt. Solche waren ungemein beliebt. Kinder vergleichen heute noch fasziniert die relative Stärke von Tieren, im rezenten Kontext die von Dinosauriern. Zur Probe gibt es Kämpfe. Von dort ist ein kleiner Schritt zu realen oder virtuellen Hahnen-, Grillen-, Hundekämpfen und zu den Tierkämpfen in den Arenen des antiken Rom. Kämpfe faszinier(t)en. Der gemeinste Gegner ist die Riesenschlange, die in den Darstellungen des Zographos überproportional häufig auftritt, in auffallender Übereinstimmung mit dem Interesse, das ihnen in den ausführlichen Berichten von Aelian bzw. seinen Quellen zukommt.

Über die „Überschrift" des Zographos und über die vorstehend genannten ersten Auswahlkriterien hinaus erscheint die Artenzusammensetzung der Papyrusfauna immer noch wenig nachvollziehbar. Die Kausalität für die Auswahl der Tiere muss tiefer gehend verstanden werden. Sie wird ergänzt durch die Finalität, den Zweck der Bildersammlung, denn ein solcher bestand mit Gewissheit. Hier geht es nicht um Sonntagsmalerei zum Vergnügen, und für eine reine Übungsarbeit ist die Gesamtdarstellung zu geschlossen, zu homogen und weitaus zu gekonnt.

5.2 Die Herkunft der Vorbilder

Die Zeichnungen könnten vom lebenden oder toten Objekt („nach der Natur"), aus dem Gedächtnis oder nach einer verfügbaren Vorlage angefertigt worden sein.

Nach dem Objekt Lebend oder frisch tot waren viele der abgebildeten Arten in Alexandria zu sehen. Sei es als Frischfleisch oder Jagdbeute auf den Märkten, im Angebot des Fisch- und Vogelmarkts. Meeresungeheuer wurden gelegentlich an die Küste Ägyptens geworfen, z. B. Finnwal und Pottwal oder der Teufelsrochen. Gerade sie wurden auch zu späteren Zeiten zum Gegenstand der Schaulust und vorzugsweise bildlich festgehalten.

Tiere wurden im Museum oder bei der Bibliothek lebend gehalten, dazu gehören vielleicht die Leoparden, die Giraffe, die Streifen- und Tüpfelhyänen, der Hyänenhund, alles Importe aus dem Sudan. Sie erweisen sich durch das Fehlen ihrer Zähne als gequälte Objekte einer Tierhaltung, die aus dem Alten Ägypten als Mästen zum Zweck des Verzehrs bekannt ist. Als Ort der Tierhaltung begegnet in der frühen Zeit der Ptolemäer der Tempel des Äskulapios für eine Assala aus Äthiopien. Nach Aelian waren Jakobsschafe in Alexandria im Jupitertempel zu sehen. Es gab auch einen „Zoo" in Alexandria, über den zu wenig bekannt ist, um ihn als Ort des Aufenthalts der abgebildeten Tiere zu identifizieren (Gallazzi, Kramer & Settis 2008: 105, Anm. 66). In Tempeln wurden Beutestücke und Raritäten aufbewahrt, vielleicht präpariert, nicht unerwartet im Lande der Mumifizierungskunst.

Nach dem Gedächtnis Der Zographos hatte sie früher einmal gesehen, etwa den Tiger der Gesandtschaft aus Indien (s. u.). Der Fangschreckenkrebs ist ein

Ergebnis unvollkommener Erinnerung: Angesichts eines leicht zu erlangenden Originals könnte mehr Naturtreue erwartet werden. Nach den unvollkommenen Beschreibungen durch andere könnten Monstrositäten entstanden sein wie z. B. der Hammerhai, der Teufelsrochen, die Vermengung der Merkmale von Purpurhuhn und Flamingo.

Nach Bildvorlagen Möglicherweise wurde aus Papyri, Wandbildern und Mosaiken eine Blütenlese zusammengetragen, den Unrichtigkeiten zu Folge wohl aus dem Gedächtnis. Dies gilt vor allem für die wenigen mythologischen Figuren, die in hellenistisch-kaiserzeitlichen Mosaiken wieder zu finden sind. Die Hörner der Vierhornantilope lassen eine Korrektur erkennen (**V35**).

Nach einem bebilderten Papyrus zur Geographie des Artemidor oder nach einer Vorlage zur Illustration derselben: Ein Exemplar der Geographie Artemidors muß als Vorlage für die Abschrift auf dem Recto noch verfügbar gewesen sein. Leider ist kein einziges erhalten, auch keine selbständige Bildvorlage. Es gibt keinen Hinweis darauf, dass die Tierbilder zur Geographie Spaniens (vgl. Recto des Papyrus) gehören könnten.

5.3 Die geographische Herkunft der Tiere

Fast alle terrestrischen Arten gehören nach Afrika, ins Einzugsgebiet des Nils, meist oberhalb von Syene (Assuan), so Streifen- und Tüpfelhyäne, Hyänenhund, Giraffe, Wasserbock, Karakal, Sumpfkatze, Nilgans, Stelzenläufer, Perlhuhn, Marabu, Flamingo, Purpurhuhn, Nilwaran, Assala. Aus Nordost-Afrika oder aus Indien stammen ambivalent Leopard, Gepard, Bartgeier. Aus dem Mittelmeer kommen mehrere Fische, darunter der berühmte Papageifisch, der Fliegende Fisch, der Mondfisch, der Hammerhai, weiterhin die Mönchsrobbe, die beiden Wale, der Fangschreckenkrebs. Die Ausnahmen stammen aus Süd- oder Südwestasien, etwa Tiger, Indischer Elefant, Helmkasuar, Himalayamonal, Vierhornantilope, Gangesschildkröte, Tigerpython, Königskobra. Für sie bedarf es einer besonderen Erklärung.

5.4 Die Exoten der Gesandtschaft aus Indien

Die Überreichung seltener Tiere an Herrschende im Sinne eines Tributs ist ein alter Brauch. Erinnert sei an die Vorführung eines syrischen Elefanten und Bären, abgebildet im Grab des Rechmire, Wesir unter Thutmosis III. und Amenophis II. (Boessneck 1988: 53, Taf. 75). Zum Wert exotischer Tiere in der altgriechischen Tradition vgl. Bodson (1998, 1999). Die Lieferung von Tieren aus dem Sudan an die frühen Ptolemäer wurde bereits mehrfach angesprochen, wobei der besonderen Wertschätzung eines Pythons durch Ptolemaios II. Philadelphos (285–246 v. Chr.) gedacht sei (**V16b**). Dieser führte in Alexandria 275 v. Chr. auch Paraden mit achtspännigen Straußengespannen durch (Athen. Deipn. V 32 = Kallixeinos von Rhodos, FGrHist 627 F 2). Derartige Präsentationen wurden fortgesetzt durch die

Triumphzüge der Römer, welche die Tierwelt der besiegten Territorien einbezogen. Das Mittelalter schloss sich an mit den wechselseitigen Tiergeschenken zwischen Karl dem Großen und Harun al-Raschid (Dreßen, Minkenberg, Oellers 2003) und in ganz besonderem Maße – und nicht ganz zufällig im Sinne einer *restitutio imperii* – in der Frührenaissance mit dem Austausch von Tieren zwischen Kaiser Friedrichs II. und Sultan Malik al-Kâmil in Kairo. Friedrich II. führte eine ganze Menagerie mit, was von da an für seine angevinischen Nachfolger und für die Stadtfürsten Italiens zum festen Bestandteil ihrer öffentlichen Repräsentation wurde (Kinzelbach 2008a,b: 126–128).

Der Verbrauch der kaiserzeitlichen Arenen an wilden Tieren aus dem ganzen Reich war atemberaubend (Weeber 1994: 29). Zugleich gab es auch auf einer weniger prominenten Ebene Handel mit exotischen Tieren sehr ferner Herkunft: Erinnert sei an den ostasiatischen Goldfasan *Chrysolophus pictus*, den angeblichen Phoenix, der nach Herodot (hist. II 73) identifiziert werden kann und der später nach Plinius (nat. hist. X 5–5) im Jahre der 800-Jahr-Feier der Stadt unter Kaiser Claudius (41–45 n. Chr.) in Rom gezeigt wurde. Horaz (Epistulae II 1, 194) erwähnte zur Regierungszeit des Augustus neben der bereits genannten Giraffe (**V21**) einen weißen Elefanten auf der Bühne, der z. B. bei Weeber (1994: 29) als aus Siam stammend bezeichnet wird. Auch Toynbee (1983: 399 Fußnote ch. 12, 6) hielt seine Herkunft aus Siam für möglich und schrieb ihn der indischen Gesandschaft von 20 v. Chr. zu:

> „Si foret in terris, rideret Democritus, seu
> diversum confusa genus panthera camelo,
> sive elephans albus volgi converteret ora.“

„Weilte Demokrit auf Erden, lachte er darüber, wie bald eine Giraffe, das fremdartige Mischwesen aus Panther und Kamel, bald ein weißer Elefant die Blicke der Menge fesselt.“

Die Wege des Fernhandels nach Asien waren früh entwickelt und bestanden trotz wechselnder Dynastien und Kulturen bis in die Neuzeit fort. Das Phänomen der „*longue durée*“ charakterisieren Chaudhuri (1993) und Ptak (2007). Ihm verdanken wir die Kenntnis von Sekretär und Paradiesvogel am Hofe Friedrichs II. und des letzteren bei Albertus Magnus sowie die gegenständliche Überbringung eines Gelbhaubenkakadus *Cacatua galerita* aus der australischen Region an den sizilianischen Hof (Kinzelbach 2008; Kinzelbach 2008a,b; Kinzelbach, Olson, Van den Abeele 2009 im Druck). Exotische Tiere waren wertvoll durch den materiellen Aufwand des Fangs und Transports; durch den ideellen Gewinn an Prestige bzw. den Profit durch Eintrittsgelder bei öffentlicher Präsentation. Liebhaber waren bereit, jeden Preis für sie zu zahlen. Noch heute ist der Handel mit geschützten Tieren nach dem Drogenhandel das einträglichste illegale Gewerbe.

Im Jahr 26/25 v. Chr. waren erstmals indische Gesandte zu Augustus nach Tarraco in Spanien gereist. Für eine große Gesandtschaft aus Indien zu Augustus

21/20 und 20/19 v. Chr. und die von ihr mitgeführte Tierwelt gibt es mehrere Quellen, vor allem Cassius Dio und Sueton.

Nach der Römischen Geschichte von Cassius Dio (LIV 7, 4) segelte Augustus Ende 21 n. Chr. von Griechenland nach Samos, wo er den Winter 21/20 v. Chr. verbrachte. Im Frühjahr ging er zur Neuordnung der politischen Verhältnisse nach Asien. Wahrscheinlich traf er dort, in Antiocheia, zum ersten Mal eine Gesandtschaft aus Indien (s. u., Strabon). Er kehrte wieder nach Samos zurück, verbrachte dort auch den folgenden Winter 20/19 v. Chr. und reiste weiter nach Athen (Cassius Dio LIV 9, 8–10):

> „Sehr viele Gesandtschaften trafen nämlich bei ihm ein, und auch die Inder, die schon früher <im Jahr 20 v. Chr.> Verbindungen angeknüpft hatten, schlossen damals einen Freundschaftsvertrag. Unter anderen Geschenken schickten sie ihm Tiger, die in jenen Tagen zum ersten Mal den Römern, ich glaube aber auch den Griechen zu Gesicht kamen. Sie schenkten ihm ferner einen jungen Mann ohne Schultern und Hände, wie wir es an unseren Hermen sehen. Er konnte indessen trotz einem derartigen körperlichen Zustand seine Füße wie Hände zu allen Zwecken verwenden, spannte mit ihnen einen Bogen, verschoss Pfeile und blies Trompete. Wie er das alles machte, weiß ich nicht; denn denn ich schreibe nur, was überliefert wird. Einer von den Indern aber, Zarmaros, wollte sterben, sei es nun, dass ihn als Angehörigen der Kaste der Weisen Ehrgeiz dazu veranlasste, sei es, dass er als alter Mann dies nach Vätersitte tat oder dem Augustus und den Athenern – Augustus war nämlich in deren Stadt gekommen — ein Schauspiel bieten wollte. Man weihte den Greis daher in die Mysterien der beiden Göttinnen <Eleusis: Demeter und Kore> ein, die damals, wie man sagt, mit Rücksicht auf Augustus, der selbst zu den Mysten zählte, außer der herkömmlichen Zeit abgehalten wurden, und der Inder stürzte sich dann lebend ins Feuer."

Wie schon mehrfach in den Kommentaren zu den Arten erwähnt, überbrachte eine Gesandtschaft aus Indien Augustus u. a. wilde Tiere als Geschenk. Sie verweilte im Jahre 20 v. Chr. in Daphne bei Antiochia (Antakya) und traf offenbar dort den Princeps ein erstes Mal. Nikolaos von Damaskos (Historiker, Erzieher der Kinder der Kleopatra, bis 4 v. Chr. am Hofe Herodes' des Großen, später Biograph des Augustus; FGrHist 90 F 100), der sich damals in Antiochia aufhielt, beschrieb die Gesandschaft und teilte den Inhalt eines auf Leder geschriebenen Briefes des Königs Poros an Augustus mit (Strabon geogr. XV 1, 73):

> „Dem darf man wohl hinzufügen, was der Damaszener Nikolaos erzählt. Er sagt nämlich, er sei in Antiocheia bei Daphne dabei gewesen, als die zu Caesar Augustus geschickten indischen Gesandten eingetroffen seien. Ihre Zahl habe der Brief höher angegeben, doch seien nur noch drei am Leben gewesen, die er gesehen habe; die übrigen seien hauptsächlich durch die Länge des Reisewegs zu Tode gekommen. Der Brief sei in griechischer Sprache abgefasst und auf Leder geschrieben gewesen und habe besagt, dass der Absender Poros sei, der, obwohl er über sechshundert Könige herrsche, hohen Wert darauf lege, dem

Caesar ein Freund zu sein, und bereit sei, ihm, wo er wolle, Durchzug zu gewähren und bei allem mitzuwirken, was ehrenhaft sei. Dies, sagte er <Nikolaos>, habe in dem Brief gestanden. Die mitgebrachten Geschenke hätten acht nackte Diener, in Lendenschurz und mit Spezereien bestäubt, herangetragen. Dies seien gewesen: der Hermas, dem in der frühesten Kindheit die Arme an den Schultern abgenommen worden waren (den wir <Strabon, in Rom> auch gesehen haben), große Nattern, eine zehn Ellen lange Schlange, eine drei Ellen lange Flussschildkröte und auch ein Rebhuhn, das größer war als ein Geier. Dabei war, sagt man, auch ein Mann, der sich in Athen selbst verbrannt hat. Dies machten manche bei Misserfolg, indem sie Erlösung aus ihrer Situation suchten, andere dagegen bei gutem Gelingen, wie dieser: Denn nachdem bisher alles für ihn nach Wunsch verlaufen sei, müsse er aus dem Leben scheiden, damit ihm nicht, wenn er noch länger bliebe, etwas Unerwünschtes zustoße. Und so soll er denn auch lachend, nackt und gesalbt im Lendenschurz auf den Scheiterhaufen gesprungen sein; auf seinem Grab stehe geschrieben: ‚Zarmanochegas der Inder aus Bargosa liegt hier, nachdem er sich, den herkömmlichen Gebräuchen der Inder gemäß, unsterblich gemacht hat'".

- Die Gesandtschaft bestand aus mehreren Geschäftsträgern, von denen drei in Daphne lebend ankamen; andere waren unterwegs an Erschöpfung gestorben, einer von ihnen auf Kreta. Bei ihnen befand sich, wohl in der Funktion eines spirituellen Betreuers, in Antiochia, auf Samos und noch bei der Rückreise des Augustus über Athen nach Rom der Inder Zarmanogechas (S'ramanacharya, wohl ein Hindu-Sadhu, Lehrer des *shramana*); er war nach den Berichten nicht der Delegationsleiter; daher brauchte er nicht zu seinem Auftraggeber zur Berichterstattung zurückzukehren, sondern verbrannte sich in Eleusis selbst. Weiterhin überbrachten sie den unglücklichen Knaben Hermas als Geschenk, den Strabon selbst später in Rom antraf. Er war wohl nach den armlosen Hermesstatuen im griechischen Kulturkreis benannt worden. Als Helfer zur Vorführung der Tiere standen mindestens acht Inder in Landestracht bereit.

- Der Name des Absenders, König von 600 Königen, ist ein Anachronismus, denn Poros, der berühmte Gegner Alexanders des Großen, war schon 317 v. Chr. gestorben. Ein zeitgenössischer Herrscher dieses Namens ist nicht bekannt. Er war vielleicht wie ein Titel gebraucht oder von seinem Schreiber, einem griechisch sprechenden Untertan, vorgeschoben worden, um im Westen wohlwollende Aufmerksamkeit zu erregen. Sein Herr war entweder Vikramaditya in Gujarat, von dem die indische Saka-Ära (seit seinem Sieg über die Saka 57 v. Chr.) ausgeht, oder einer seiner Nachfolger, der vom Imperium Romanum Unterstützung und Handelskontakte erhoffte.

- Die Herkunft der Gesandtschaft ist in Gujarat zu suchen, in Bargosa (Baroda), dem auf seinem Grabstein genannten Heimatort des Zarmanochegas. Bargosa war eine sehr bedeutende Handelsstation oberhalb der Mündung des

Narmada-Flusses in den Golf von Kambay. Sie lag an der Stelle, an welcher der Landweg der südlichen Seidenstraße in die Schiffsverbindungen nach Ceylon und Südostasien, in den Persischen Golf nach Basra und ins Rote Meer nach Myos Hormos (al-Qusair) überging, in dieser Zeit der geeignetste Ort, über Fernhandel z. B. einen Helmkasuar aus Neuguinea oder Aru zu beziehen (**V07**).

- Der weitere Weg der Gesandtschaft nach einem längeren Aufenthalt im Jahre 20 v. Chr. in Daphne (bei Antiocheia), verbunden mit ersten Verhandlungen mit Augustus, führte zumindest mit Tigern über den Hafenort Seleukeia am Orontes nach Samos, wo im Winter 20/19 v. Chr. ein Vertrag (Bündnis, Handel) geschlossen wurde. Von dort reiste ein Teil der Gesandtschaft und der Tiere im Sommer 18 v. Chr. zusammen mit Augustus über Athen, Eleusis und Megara weiter nach Italien. Augustus kehrte am 12. September 19 v. Chr. nach Rom zurück. Auf Samos empfing er im Frühjahr 20 v. Chr. mehrere Gesandtschaften, z. B. musste auch eine Kandake der „Äthiopier", unterworfen von dem Statthalter Ägyptens, P. Petronius (s. u. seinen Sohn), zu Augustus nach Samos reisen, um Roms Überlegenheit förmlich anzuerkennen. Von ihr sind keine Tiergeschenke überliefert. Zur Chronologie vgl. Halfmann (1986: 157 f.).

Die indische Gesandtschaft führte in **Daphne** mit sich: Große Giftnattern, Kobras („echidnas megalas"), darunter die auffallende Königskobra (**V25**), eine Riesenschlange („ophin pechon deka") von realistischen zehn Ellen, etwa 4,40 m Länge (**V16b**), und ein „Rebhuhn", das größer war als ein Geier („perdika de meízo gypós"), einen Himalayamonal (**V27**), weiterhin eine Flussschildkröte von 1,30 m Länge („chelonen potamian trípechyn"), wahrscheinlich die Indus und Ganges bewohnende Ganges-Weichschildkröte *Trionyx* (*Aspideretes*) *gangetica*, die mit 0,94 m Schildlänge fast in die genannte Größenordnung fällt. Toynbee (1983: 216) bemerkte ohne Begründung, dass die vorgenannte Schildkröte nirgends zur Schau gestellt worden sei. Dazu gibt es neue Erkenntnis (**V36**). Nach **Samos**, zum Vertragsabschluss, wurden nach Cassius Dio mehrere Tiger gebracht. Der Rest der umfangreichen Menagerie mit z. T. schweren oder schwierigen Tieren, vor allem auch mehreren Elefanten (unter ihnen wahrscheinlich ein weißer) wurde wohl aus logistischen Gründen — auch hatte sie Augustus zuvor schon in Daphne besichtigt — nicht über Samos, sondern über **Alexandria** nach Rom gebracht. Dort begegneten sie dem Zographos, entweder selbst oder auf Zeichnungen anderer. Übereinstimmend mit dem von Nikolaos von Damaskos beschriebenen Bestand bildet er ab: einen Indischen Elefanten (**V16a**), einen Tiger (**V31**), den Himalayamonal (**V27**), die große Kobra und die Riesenschlange (**V16b**, **V25**), die Ganges-Schildkröte (**V36**). Hinzu kommen die nicht aktenkundigen Arten, die jedoch selbst Indikatoren für ihre Herkunft aus dem gleichen Tross aus Indien bzw. Südostasien sind, nämlich der Helmkasuar (**V07**), und die Vierhornantilope (**V35**). Auch an Leopard, Gepard und Bartgeier ist zu denken, die auf den Zeichnungen des Zographos auftreten. Allerdings kommen diese sowohl in Indien als auch in Afrika vor. Die realen Tiere der Menagerie der indischen Gesandtschaft waren gewiss von Anekdoten und Kommentaren begleitet. Der Tigerpython rief die schon lange kursierenden Erzählungen über seinen Kampf mit Elefanten wach. Der „myrmex" kam, möglicherweise veranlasst durch Geparden, in Erinnerung, der „gryps" vielleicht durch einen mitgeführten Bartgeier. Geparden bzw. Indische Elefanten sind Standardgeschenke aus dem indischen bzw. persischen Kulturraum von Alexander dem Großen bis ins europäische Mittelalter.

Die Möglichkeit, dass die Gesandtschaft über den bedeutenden Rotmeerhafen Myos Hormos (al-Qusair al-Qadim) und nach kurzem Landweg über den Nil zuerst nach Alexandria und später zur See nach Antiocheia bzw. Daphne gelangte, ist nicht völlig auszuschließen. Allerdings wäre in diesem Falle eine Nachricht bei Sueton zu erwarten, der sich damals in Alexandria aufhielt und sich nachweislich für den Hafen von Myos Hormos interessiert hat.

In **Rom** führte Augustus im Jahre 11 v. Chr. selbst zumindest einen übrig gebliebenen Tiger (**V31**) und den Tigerpython (**V16b**) vor, den er noch Tiberius vererbte. Ebenso ein nicht näher determiniertes und datiertes Nashorn, das der Caesar nach Sueton als Besonderheit bei der Saepta ausstellte (Augustus 43, 4). Indische Panzernashörner sind nur selten ins Mittelmeergebiet gebracht worden, öfter dagegen afrikanische (Toynbee 1983: 110–112). Vielleicht zählte auch ein solches zur Menagerie der Inder.

Auf einer Münze des Münzmeisters Publius Petronius Turpilianus, Sohn des Statthalters P. Petronius in Ägypten, der 20 v. Chr. in Anbetracht der Verdienste seines Vaters von Augustus bestallt wurde, lenkt ein Mann, wohl der Kaiser, mit dem Ölzweig als Friedenssymbol eine Biga, die von zwei Indischen Elefanten gezogen wird. Wie auch andere Ausgaben hatte diese Münze propagandistischen Bezug zu einem aktuellen politischen und gesellschaftlichen Ereignis: Sie feierte offenbar die indische Gesandtschaft des Jahres 20 v. Chr. (Czurda & Dick 1980: Taf. 1, 608), die demnach erwartungsgemäß Elefanten mit sich führte.

Diese Darstellung der Elefanten auf Münzen, einem intensiv genutzten Mittel der Propaganda, lässt den großen Eindruck erahnen, den der Tiertransport im Jahre 20/19 v. Chr. machte. Er hinterließ, wie besonders bei Tiger (**V31**) und Tigerpython (**V16**) ausgeführt, eine literarische Spur zur Schaustellung des Augustus und, mit moralischer Interpretation, bis hin zur Tierhaltung des Tiberius. In Alexandria mochte dieses Angebot an „Exoten" die Sammlung seltener Tiere auf dem Artemidor-Papyrus überhaupt erst angeregt haben, angereichert durch sensationelle Meeresungeheuer und durch an verschiedenen Stellen in Alexandria ohnehin gehaltene Arten (die Hyänen, der Hyänenhund, die Nilgans, der Marabu usw.), weiterhin durch die Giraffe (**V21**), eine Besonderheit aus Afrika, deren individuelles Schicksal sich an Ereignissen im Jahr 46 v. Chr. festmachen lässt.

5.5 Die Zeichnungen

Die Bilder sind also nicht aus einem Traditionsnebel entstanden, sondern wurden angestoßen durch ein einmaliges historisches, in der Antike seltenes und herausragendes Ereignis, nämlich die Menagerie der indischen Delegation. Diese hat den Zographos, direkt oder indirekt, derart beeindruckt, dass er sie zum Kern seiner im Artemidor-Papyrus niedergelegten Bildersammlung von heterogenen, in jedem Falle jedoch seltenen Tieren machte. Hinzu kommt die Information aus zweiter Hand über einige der Seeungeheuer und mythologische Mischwesen, aber auch aus eigener Anschauung, z. B. vom Fischmarkt.

Die Zeichnungen sind in einem Guss, wahrscheinlich an einem Tag, innerhalb weniger Stunden aus dem Gedächtnis angefertigt worden, denn sie sind zwar flüchtig, vernachlässigen viele Details und weisen viele Manierismen auf, andererseits sichern hinreichend viele diagnostisch wichtige Details die Wiedererkennung. Die Zeichnungen sind nicht, wie der erste Eindruck nahe legen mag, stümperhaft, sondern das Werk eines routinierten Zeichners, wenngleich er einige Schwierigkeiten mit der perspektivischen Darstellung bei breiten Rochen hat (Teufelsrochen, Keulenrochen).

Für das Zeichnen aus dem Gedächtnis ist das beste Beispiel der Fangschreckenkrebs (**V26**): Vereinfachung der Schreitbeine, nicht verstandene Wiedergabe der gefalteten Fangbeine, aber unverkennbare Darstellung des entscheidenden Merkmals der Aufteilung der Antennenspitzen. Bei direkter Vorlage lebender oder toter Objekte wäre diese Zeichnung wie auch die anderen naturgetreuer ausgefallen.

Einige der Motive sind älter, stammen aus fremden Vorlagen, z. B. die Mischwesen und Tierkämpfe. Ihre Tradition begann wohl schon früher in Alexandria und wurde in Italien fortgeführt. Die originalen, sehr eigenständigen Motive der indischen Tierwelt und die originelle Ausführung der Zeichnungen des Zographos haben nach bisheriger Kenntnis keine Fortsetzung gefunden. Man müsste versuchen, seine einzigartigen Motive in späteren Gemälden oder Mosaiken realisiert wieder zu finden.

Nach Auslotung der Herkunft der Motive stellt sich die Frage nach dem Zweck der Sammlung von Zeichnungen. Es drängt sich geradezu auf, in ihr ein Musterbuch mit bisher ungesehenen, neuartigen Motiven zu sehen. Dies bestätigt die Auffassung von Bruneau (2000) und Donderer (2005). Schon für frühere Motivwanderung gingen Gullini (1956: 11, 12, Taf. 21) oder Toynbee (1983: 111) direkt oder indirekt von einem alexandrinischen Musterbuch als Vorbild für das Mosaik von Praeneste aus. Daher schließt sich hier die Frage an, ob nicht der Papyrus insgesamt, d. h. auch das Recto, ein Musterbuch war, mit dem ein Künstler oder auch eine kleine „Firma“ Aufträge einwerben wollte. Die Vielseitigkeit der „Kostproben“ legt das nahe, doch sollte man in diesem Falle eine vollendete Landkarte und bei der Anlage des Textes größere Ausgewogenheit erwarten.

5.6 Zoologischer Sachverstand

Ein ungewöhnliches Interesse an Tieren, an ihrer Diversität ist spürbar. Absicht des Zographos war, die Fülle von selten angetroffenen Formen des Tierreichs festzuhalten, wohl auch im Hinblick auf eventuelle Vermarktung. Die aristotelische Zoologie macht sich bemerkbar im hellenistischen Stil der Einzeldarstellung mit Namensbeischrift, in der richtigen Beurteilung bzw. Klassifikation der Wale und vielleicht in direkten Bildvorlagen für manche Tiere wie den Höckerschwan (**V12**). Im Einzelnen ist wenig detaillierte Sachkenntnis zu spüren, oder es wurde in Eile kein Gebrauch von ihr gemacht. Z. B. sehen sich Lynx und Kastor recht ähnlich, sie sind schematisiert. Häufig fehlen wichtige und charakteristische Merkmale der gezeigten Tiere. Fast immer ist ein Körperteil übertrieben, verwachsen oder mangelhaft gezeigt. Andere, z. B. Flossen oder Beine, sind nur minimalistisch angedeutet. Dies betont den Skizzencharakter der Zeichnungen. Eine naturgetreue Darstellung war nicht angestrebt. Andererseits ist z. B. der Finnwal (**V40**) mit großer Sachkunde dargestellt: Das Spritzloch, der Blas, die Schwanzfluke mit den Wasserbahnen.

Der Zographos besaß Kenntnisse aus der griechischen Mythologie bzw. aus der Literatur der alten Geographen, vgl. die Deutung des Helmkasuars als Vogel von Stymphalis (**V07**), das naturnahe Aussehen von Myrmex (**V22a**) und Gryps (**V19a**), die traditionellen Kampfszenen.

Ungeachtet einer vielleicht nur geringen Kenntnis von Einzelheiten der zeitgenössischen Fauna können auch dem Artemidor-Papyrus und seinem Kontext einige wenige Hinweise auf den Zustand der natürlichen Fauna in Nordostafrika abgewonnen werden. Die prädynastische Fauna Ägyptens tritt heute im Sudan bis zum 15° n. B. auf. Sie war in der Antike bestimmt weiter nach Norden verbreitet, in einzelnen Vertretern bis zum heutigen Oberägypten, das nach einem in Kairo verbreiteten Gemeinplatz noch heute am Zoo von Gizah beginnt. Einige der vom Zographos dargestellten Tiere fallen in diese Kategorie, z. B. die beiden Hyänen, der Hyänenhund, die Rohrkatze, der Wasserbock, das Berberschaf. Diese wichen in Folge der zunehmenden Besiedlungsdichte und intensivierten Landnutzung, überlagert von fortschreitender Desertifikation, später in die Habitate des südlichen Sudan zurück (vgl. Boessneck 1988, Gullini 1956).

5.7 Die Technik des Zeichners

Wildung (2000: 61) gibt an Hand der Stele des Irtisen einen Einblick in die Qualität eines altägyptischen Künstlers, „ausgezeichnet in seiner Kunst auf der höchsten Stufe seiner Fähigkeiten“, der im Auftrag Mentuhoteps II. gearbeitet hat. Der Künstler spricht: „Ich kenne die *ru-bagu* (Proportionen?), ich vermag die Maße zu schätzen. zu korrigieren und anzupassen, bis ein Körper seine richtige Gestalt gefunden hat. Ich kenne das Schreiten einer Männerfigur und das Gehen einer Frauenfigur, **die Haltung der elf Vögel**, die Verzerrungen, das Schielen und den Ausdruck der Angst auf dem Gesicht der Feinde aus dem Süden, die

Bewegung des Arms des Nilpferdjägers und die Bewegung der Beine des Läufers." (Übersetzung von Bernadette Letelher).

Der Zographos anonymos gehört einer anderen Zeit an. Er (wohl keine Frau, eine solche wäre vermutlich genauer, geduldiger, zögerlicher vorgegangen) zeichnet weit flüchtiger als der vorgenannte Künstler Menuhoteps, nicht traditionell, sondern originell, und auch seine elf Vögel sind bestimmt andere als die elf aus dem Alten Ägypten. Sind die Zeichnungen solche eines Anfängers und weisen sie daher Mängel auf? Oder hat sie ein Könner in ihrer Lebendigkeit rasch und genialisch aus dem Gedächtnis hingeworfen? Letzteres ist wahrscheinlicher. Es kommt zu ungewöhnlichen Perspektiven und Haltungen. Charakteristisch ist die hohe Dynamik der Abbildungen. Die Tiere wirken sehr lebendig, modern, trotz der zahlreichen Fehler und Nachlässigkeiten im Detail, die ein längeres Sich-Einsehen erfordern. Die Umrisse sind gelegentlich gestrichelt, zeigen jedoch durchweg eine sichere Hand. Häufig wird neben der Rohrfeder der Pinsel für Grautönung oder Schummerung verwendet. In Kontrast zu der manchmal verzerrten oder gar falschen Darstellung vieler Einzelheiten steht die Wiedergabe subtiler Details: der Flossenfuß mit Krallen der Gangesschildkröte (**V36**), die Federn der Handschwinge des Helmkasuars (**V07**), der abgeschnittene Stachel des Stechrochens (**V23**).

Modern sind die mit „Gras" abgegrenzten Standflächen für einzelne Tiere, eine reduzierte Landschaft, vergleichbar den kleinen „Hügeln", auf die seit der frühen Neuzeit ausgestopfte Vögel gestellt werden (Kinzelbach & Hölzinger 2000, Schulze-Hagen *et al.* 2003, Springer & Kinzelbach 2008). Der Stil ist hellenistisch und in mancher Hinsicht vergleichbar mit dem des Nilmosaiks von Praeneste und der Casa del Fauno in Pompeji.

Dennoch gibt es die schwer verständliche, wohl traditionell ägyptische Kennzeichnung vieler Tiere mit unpaarigen Kinnbärten, sowie andere Manierismen (vgl. Kapitel 5.8). War der Zeichner Ägypter, in Spuren zwar noch traditionsverhaftet, setzte jedoch eine impressionistische Tendenz fort? Ältere Tierzeichnungen auf Papyrus in Berlin (Reiter 2008), noch in der altägyptischen Tradition, wirken im Vergleich ruhig und steif, mit sicheren Umrissen. Etwas „lebendiger" sind schon die Tiere in Karikaturen, z. B. die bekannte „Verkehrte Welt" (vgl. **V06**, **V38**), einige Graffitti (Langner 2001) und vor allem die Darstellungen auf dem Nilmosaik von Praeneste (Gullini 1956). Einige der Vierfüßer (**V03**, **V04**, partiell **V35**) sind *en face* dargestellt, was auf orientalischen Bild-Einfluss hinweisen könnte; in Ägypten wird nur der Gott Bes aus Nubien frontal dargestellt. Zwei der Vögel (**V34**, **V41**), aber auch weitere Tiere sind deutlich oder andeutungsweise im Halbprofil zu sehen, was sehr ungewöhnlich ist.

Der Zographos schreibt zwar Griechisch, aber kritzelig und orthographisch unsicher. So schreibt er „tigros" statt des korrekten „tigris", „kamelopórdalis" statt „kamelopardalis" und „pórdalis" statt „pardalis" und „pelekán" statt „pelikan". Während aber „tigros" eine echte Verschreibung ist, begegnet die Vertauschung von α und ο in den Papyri häufig (Mayser & Schmoll 1970: 37 f.; Gignac 1976: 286 f.), ebenso wie die Ersetzung von ι durch ε (Mayser & Schmoll 1970: 65 f.;

Gignac 1976: 251–256). Möglicherweise war der Zographos von Hause aus kein Grieche; aber eher deuten diese phonologischen Phänomene nur auf mangelnde Übung und regional gefärbte Aussprache hin.

5.8 Stereotypen, Manierismen

Es sind viele Manierismen nachweisbar. Oft sind die Bildinhalte nur nach Subtraktion der manierbedingten Eigenheiten zu verstehen. Zum Vergleich Abb. 109–114.

- Ungewohnte Vereinfachung zeigen die Extremitäten. Sie sind oft nur zugespitzte, stachelartige Vorsprünge, ganz gleich ob die Flossen eines Fischs, die Beine des Fangschreckenkrebses, die Extremitäten eines Säugetiers (Wal, Robbe) gemeint sind.
- Unnatürlich lange und dünne Hälse weisen auf die Nilgans, den Höckerschwan, den Stelzenläufer.
- Unnatürlich lange und dünne Schwänze zeichnen die Leoparden aus.
- Unnatürlich schlanke Körper zeigen Streifenhyäne (**V01**), Wasserbock (**V24**), Rohrkatze (**V06**), Mönchsrobbe (**V39**).
- Stacheln zieren den Kopf der Leoparden, Kämme den von Schlangen.
- Fell wird sehr sparsam angedeutet, oft *pars pro toto*.
- Farbmuster werden ebenfalls nur angedeutet, z. B. die Querstreifung des Erdwolfs (**V01**) oder der Rohrkatze (**V06**).
- Es besteht die Neigung, alle Fische mit papageiartigen Schnäbeln (**V05**, **V11**, **V15**, **V17**) abzubilden, wie fortgesetzt in den nordafrikanischen und sizilianischen Mosaiken und ausgedehnt auf zahlreiche Abbildungen von Delphinen mit nicht naturgetreuen, schnabelartigen Schnauzen und zusätzlichen Kämmen, Kiemen und ähnlichem Dekor.
- Die Köpfe der Großkatzen Tiger, Leopard und Gepard sind überall zu klein.
- Tiger und kleinere Katzen wie Karakal, Sumpfluchs und auch der Gepard zeigen eine kleine, löffelartige Zunge.
- Drehperspektive tritt hinsichtlich bestimmter Haltungen auf: gebogene Vogelhälse, über die Schulter nach hinten blickende Waran-Protome, Pottwal, Keulen- und Teufelsrochen, mit Kombinationen von Seiten- und Rückenansicht.
- Ein Hinweis auf den Bildstil des Alten Ägypten könnte ein in der Natur nicht vorhandener, unpaariger Bart (auch Götter-, Pharaonenbart) sein. Dieser, künstlich, mit einer nach vorn gedrehten Spitze, wird von Pharao-

nen in ihrer göttlichen Funktion getragen, manchmal von tiergestaltigen Göttern (Horusfalke), sehr selten von anderen hohen Würdenträgern. Er wird vom Zographos bei vielen, sehr unterschiedlichen Tieren als dünner, nach vorn geschwungener Strich am Kinn dargestellt: Helmkasuar **V07**, Meeresungeheuer **V09**, vielleicht die unmotivierten Barteln des Keulenrochens **V10**, Fliegender Fisch **V11**, Hammerhai **V18**, Greif/Bartgeier **V19**, Myrmex/Gepard **V22**, Königskobra **V25b**, Berberschaf – hier eine natürliche Zierde **V38b**, Finnwal **V40**, Marabu – hier der Kehllappen **V41**. Besonders ungewöhnlich ist die Verwendung eines Barts bei den vier Meerestieren. Soll der „Totenbart" andeuten, dass bereits tote, ausgestopfte, mumifizierte Tiere in einem Museum als Vorlage dienten?

5.9 Zeit-Szenarien

Aus der Tatsache, dass bestimmt der Tiger (**V31**) und Helmkasuar (**V07**) nebst anderen nach den singulären Vorbildern im Jahre 20 v. Chr. oder kurz danach gezeichnet wurden, ergeben sich potenzielle Szenarien für Zeit und Modus der Entstehung der Bilder.

Frühester Ansatz. Es sei angenommen, der Zographos habe die Giraffe in Alexandria noch vor ihrer Entführung nach Rom als junger Mann von ca. 20 Jahren selbst gesehen; so wird für die Tierbilder als *terminus post quem* das Jahr 46 v. Chr. gewonnen. Im Jahr der Gesandtschaft von 20 v. Chr. könnte der Zographos im mittleren Alter von ca. 46 Jahren selbst die Tiger und die anderen indischen Tiere in Alexandria gesehen haben. Etwas später, etwa im Alter von 56 Jahren habe er aus dem Gedächtnis oder nach Skizzen die vorliegenden Tierzeichnungen mit geübter Hand zu Papyrus gebracht. Dies fällt mit dem Jahr ca. 10 v. Chr. noch in die Zeit des Schreibstils der Kanzlei der Kleopatra (Reiter 2008: 13). Einen Erfolg seines Musterbuchs können wir noch nicht nachweisen. Dies wäre durch Vergleich der unverwechselbaren Zeichnungen mit neu aufzufindenden oder zu identifizierenden Wandgemälden oder Mosaiken leicht möglich. Vielleicht hat jedoch der Meister sein Werk nicht lange überlebt, so dass es über kurz oder lang unter die Altpapyrus-Verwertung fiel.

Mittlerer Ansatz. Gezeichnet wurde im Jahr 20 v. Chr. unmittelbar nach eigener Anschauung der sensationellen indischen Tiere in Alexandria, die den Anlass zur vorliegenden Bildersammlung von „Raritäten" gegeben haben dürften, zusammen mit Material aus anderer Quelle. Die auf Autopsie beruhenden Zeichnungen, neue und eigenständige, mochten dem Zographos einen Vorteil in der Konkurrenz um Aufträge verschaffen, und sie erklären auch die Existenz des Artemidor-Papyrus als Werbematerial. Der Tiger ist vergleichsweise lebensecht dargestellt, während die Köpfe der verwandten Leoparden und Geparden stets etwas missraten erscheinen. Vielleicht hat der Zographos Tiger der Gesandtschaft selbst gesehen und hat einen von ihnen zeitnah abgebildet, daneben andere indische Tiere.

Später Ansatz. Eine Generation später: Der Zographos hat weder die Giraffe noch die indischen Tiere selbst gesehen, sondern diese von bereits bestehenden Vorlagen (Papyrus, Wandbild, Mosaik) abgezeichnet. Er trug andere Tierzeichnungen aus eigener, kürzer oder länger zurückliegender Erinnerung oder Vorlagen zusammen, wie den Fangschreckenkrebs, die Nilgans oder die Giraffe. Von Bildvorlagen oder ausgeschmückten Berichten anderer stammen die Bilder vom Höckerschwan, von Meeresmonstren und Walen. Er fügte das Material zu weiterer künstlerischer Verwendung zusammen, wahrscheinlich als Musterbuch, spätestens um das Jahr 15 n. Chr. Ein Anfänger scheint er dennoch nicht mehr gewesen zu sein.

Er trug die Rolle bei sich oder verwahrte sie als Musterbuch (Bruneau 2000, Donderer 2005).

Dabei stellt sich die Frage, ob er nicht ein kleines Atelier leitete und das Musterbuch nicht nur für Tierillustrationen, sondern auch für die auf dem Recto gezeigten Kostproben seiner Mitarbeiter von Glyptik, von Textabschrift und von Landkarten zur Verfügung hielt (s. aber oben 5.5).

Der zum Beschreibstoff verarbeitete Papyrus wurde nach der Radiokarbon-Datierung mit 95,4%iger Wahrscheinlichkeit zwischen 40 v. und 130 n. Chr., mit 68%iger Wahrscheinlichkeit zwischen 15 und 85 n. Chr. geerntet (Gallazzi, Kramer & Settis 2008: 80–81, Settis 2008: 31–36). Der Schreibstil des Artemidor-Textes weist in einzelnen Zügen Ähnlichkeit mit Papyri von 33 v. Chr (Reiter 2008: 13; Settis 2008: 23–24) bis zum Ende der Herrschaft des Augustus oder zu Beginn der des Tiberius auf (Gallazzi, Kramer & Settis 2008: 90–93).

In diesem Falle könnte die Tätigkeitsspanne des Zographos auf ca. 60 v. bis ca. 15 n. Chr. eingegrenzt werden, vorausgesetzt, er hat die Giraffe von 46 v. Chr. selbst gesehen; hat er wenigstens die Tiere der Indischen Gesandtschaft selbst gesehen, kommt eine Lebensspanne von ca. 40 v. bis 20 n. Chr. in Frage. Sind beide Motivgruppen nicht aufgrund von Autopsie entstanden, so lebte der Zographos noch eine Generation später, war ein Zeitgenosse Christi und hat nach Ausweis der C14-Datierung etwa ab 15 n. Chr. seine Zeichnungen angefertigt. Es gilt, weitere Kriterien für die wahrscheinlichste Datierung zu finden. Im Augenblick weist die Detailkenntnis von Tieren der Menagerie aus Indien auf Autopsie im Jahre 20. v. Chr. hin.

Diese Chronologie setzt voraus, dass der Papyrus ziemlich bald nach dem Abbruch des Artemidor-Textes und der Karte für die Tierzeichnungen wiederverwendet wurde, bzw. dass die Erstverwendung des Papyrus vor 15 n. Chr. erfolgte.

6. Schlussfolgerungen

Die Bilder entstanden in Alexandria kurz vor Christi Geburt. Als *terminus post quem* lässt sich vielleicht das Jahr 46 v. Chr., auf jeden Fall das Jahr 20 v. Chr. festlegen, denn eine Reihe von Tierarten, welche eine indische Gesandtschaft zu Kaiser Augustus im Jahre 20/19 v. Chr. nach mehreren schriftlichen Quellen mit sich führte, sind dargestellt: Tiger, Tigerpython und Königskobra, Himalayamonal, Vierhorn-Antilope. Vielleicht gab die Gesandtschaft Anstoß zu dieser Bildersammlung, denn alle diese Tiere, besonders die Tiger, waren zum ersten Male in Alexandria zu sehen und stellten gewiss eine Sensation dar. Von besonderer Bedeutung sind die detailgetreuen Darstellungen eines Helmkasuars, der nur durch einen solchen Ferntransport nach Alexandria gelangt sein konnte, sowie der auch bei indischen Königen bis in jüngste Zeit als Tribut geschätzten Vierhornantilope.

Viele Tiere werden erstmals im Mittelmeergebiet der Antike bildlich dargestellt. Dies gilt für die genannten indischen Arten Tiger, Königskobra, Tigerpython, Gangesschildkröte, Himalayamonal, Vierhornantilope. Hinzu kommt die Haustierrasse Haubenhuhn. Ebenso neu sind die Bilder für einige afrikanische Arten wie Marabu, Stelzenläufer. Neu aus dem Mittelmeer sind Zeichnungen von Hammerhai, Teufelsrochen, Mondfisch, Finnwal, Pottwal, Mönchsrobbe und Fangschreckenkrebs.

Für mythologische Szenen finden sich plesiomorphe Fassungen, z. B. des Myrmex, des Greifen, der Seeungeheuer und des Kampfes zwischen Schlange und Elefant. Sie lassen eine überzeugendere zoologische Deutung zu als das bisherige Material.

Die begleitenden griechischen Namen erweitern den Wortschatz.

Die Kenntnis über den Ferntransport von Tieren wird ebenfalls erheblich erweitert. Der wahrscheinliche Weg einer Tigerpython zeigt wieder einmal, dass Tiere nicht nur wie bisher als *quantité négligeable*, als Kuriosa, betrachtet werden dürfen, sondern markante Spuren hinterlassen und am historischen Geschehen auf einer sehr hohen Ebene Anteil haben.

Der Artemidor-Papyrus erweist sich auch in den Tierdarstellungen als ein hervorragendes Dokument, das Zoologie und Kulturzoologie, politische Geschichte, Kunstgeschichte und Sprachwissenschaft in gleicher Weise bereichert.

7. Zusammenfassung

Die Rückseite des im frühen ersten Jahrhundert n. Chr. in Alexandria entstandenen Artemidor-Papyrus zeigt 41 Zeichnungen von einer Hand, davon 38 Tierdarstellungen (oft zwei Arten umfassend, daher insgesamt 44 Tiere), von denen die meisten mit griechischen Tiernamen versehen sind. Einer „Überschrift" zufolge enthält der Papyrus Vierfüßer des Landes, Vögel, Fische und Wale. Es ist kein Ordnungsprinzip zu erkennen, außer dass größere Tiere von besonderem Seltenheitswert dargestellt werden, aus vielen Taxa: Ein Krebs, fünf Fischartige, sechs Reptilien *sensu lato*, elf Vögel, siebzehn Säugetiere. Die Darstellung steht in einer hellenistischen Tradition von Tierbildern, beginnend mit Aristoteles, fortgeführt durch die Vorläufer des Nil-Mosaiks von Praeneste (Palestrina), gefolgt einerseits in der hellenistisch-römischen Kunst von Wandgemälden und Mosaiken, andererseits von Darstellungen in „wissenschaftlichen" byzantinischen Codices. Die Tierbilder wurden offensichtlich als Musterbuch angefertigt und benutzt.

Der Papyrus besitzt eine ganz besondere Bedeutung durch die relativ große Anzahl der Darstellungen in einheitlichem Stil, ausgezeichnet durch gleichartige Manierismen. Wichtig ist die Verknüpfung von Namen und Abbildungen auch für wenig bekannte Tierarten. Unter den Tiernamen treten solche mit Parallelen in Werken der hellenistischen Autoren auf, eine größere Anzahl ist jedoch neu und bereichert oder präzisiert unsere Kenntnis des griechischen Wortschatzes. Drei Darstellungen betreffen mythologische Tierkämpfe, die hier in einer ursprungsnahen Form wiedergegeben sind und den zoologischen Hintergrund besser als spätere Abbildungen erschließen lassen. Zwei Bilder zeigen lebendige Szenen des Angriffs von Raubtieren auf ihre Beute. Unter den restlichen Zeichnungen kann eine besondere Gruppe von Tieren aus Indien *s. l.* identifiziert werden. Von 44 Tieren sind neun sicher Indien bzw. dorthin führenden Handelsverbindungen, vier weitere nur mit Vorbehalt dem asiatischen Bereich zuzuordnen, da sie auch in Afrika vorkommen.

Sie stimmen teilweise mit den Tieren überein, die dem Princeps Augustus im Sommer 20 v. Chr. bei Antiocheia und im Winter 20/19 v. Chr. auf der Insel Samos von der Gesandtschaft eines indischen Herrschers namens „Poros", überbracht wurden. Er war, nach der Herkunft eines der Begleiter, nach seiner Selbstdarstellung und nach der Reichhaltigkeit des Tiertransports zu schließen, offenbar ein wohlhabender Fürst im Gujarat, wahrscheinlich Vikramaditya, der sich vom Römischen Reich gute Beziehungen und ein Handelsabkommen erhoffte. Aus dem Werk mehrerer hellenistischer Autoren kann eine Liste der mitgeführten Tiere rekonstruiert werden. Die Gesandtschaft hielt mit Teilen ihrer Menagerie auf dem Weg nach Rom in Alexandria, wo sie ihre Tiere zur Schau stellte. Fast alle „indischen“ Arten sind auf dem Artemidor-Papyrus festgehalten, z. B. Tiger, die Ganges-Weichschildkröte, ein Tigerpython, eine Königskobra, ein Indischer Elefant, ein Himalyamonal, daneben andere, die zwar nicht in den schriftlichen Quellen erwähnt werden, jedoch den gleichen exotischen Ursprung haben müssen, z. B. ein eindeutig zu identifizierender Helmkasuar und eine Vierhorn-Antilope. Dies führt unsere Kenntnis von Austausch und Handel über lange Strecken im ersten vorchristlichen Jahrhundert zu einer neuen Qualität. Die Originalität der Abbildungen und Benennungen sowie die Wiedergabe eines Teils der Tiere der indischen Gesandtschaft von 20 v. Chr. in Übereinstimmung mit den bisher wenig beachteten Angaben römischer Historiker lassen eine Fälschung im 19. Jahrhundert abwegig erscheinen.

8. Abstract

The Artemidor-Papyrus, originating from Alexandria at the beginning of the 1st century A. D., contains on its verso 41 drawings by one hand, thereof 38 sketches of animals (some comprising two species each, so resulting in 44 species), most of them labelled with an animal name in Greek. As visible from a "title" on the papyrus itself, it presents terrestrial tetrapods, birds, fish, and whales. No principle of order is obvious, except the presentation of mayor animals of considerable rarity. They belong to different animal taxa, as Crustaceans (1), Fish s. l. (5), Reptiles s. l. (6), and Mammals (17). The work as a whole fits into the hellenistic tradition of animal pictures, beginning with Aristotle, worked out by the forerunner(s) of the Nile-Mosaic of Praeneste (Palestrina), and continued by Hellenistic and Roman artwork (wallpaintings, mosaics) as well as by "scientific" Byzantine codices. Most probably the drawings were created and used as a specimen collection.

The papyrus has a special value by the relatively big number of animal drawings in a uniform style, in eqal manner. Important is the attribution of names to illustrations also for little known animal species. The animal names partly have parallels in the books of hellenistic writers, but the mayority is new and enriches or specifies our knowledge of the Greek vocabulary. Three presentations refer to mythological animal fights. They are rendered here in a plesiomorphic mode, which allows an understanding of the zoological background in a better way than later artwork. Two pictures show lively scenes of predation of raptors on their prey. Among the other drawings a very special group can be identified, which comprises animals of Indian origin. They fit partly to the animals which were presented to the emperor Augustus in the year 20 B. C. near Antioch and in the winter 20/19 on the Island of Samos by a delegation from India, sent by a king named "Poros", probably Vikramaditya, a wealthy ruler in the Gujyrat region who wanted to get relations and trade agreements by the Empire. The delegation, their mobile menagerie and their travels is testified by several hellenistic authors who allow to compile an enlarged list of the animals involved. Nearly all of them are found on the Artemidor-papyrus together with several others, which must be of the same exotic origin as the Cassowary and the Four-horned Antelope. This gives a very new quality to the knowledge of long distance exchange and trade. The papyrus gives very peculiar drawings and denominations, and reveals a lot of details which are corroborated by contemporaneous Latin and Greek writers. This excludes with certainty being a fake of the 19th century.

9. Literatur

9.1 Quellen

AELIAN (nat. anim.): Aeliani de natura animalium, recognovit, adnotatione critica et indicibus instruxit Rudolfus Hercher, Paris 1858 (Firmin Didot).

— Aeliani de natura animalium libri septemdecim. Kritisch bearbeiteter griechischer und lateinischer Text, herausgegeben von Fridericus Jacobs, Jena 1832 (Friedrich Frommann). Zitiert ist der lateinische Text dieser Ausgabe. Übersetzung aus dem Lateinischen: R. Kinzelbach.

AGATHARCHIDES: Agatharchides von Knidos, Über das Rote Meer. Übersetzung und Kommentar, herausgegeben von Dieter Woelk. Diss. Freiburg i.B. Bamberg 1966.

ARISTOTELES (hist. anim.): Aristotelis opera omnia, es recensione Immanuelis Bekkeri edidit Academia Regia Borussica. Vol. I, p. 486–638, Berlin 1831.

— AUBERT & WIMMER (1868): Aristoteles, Thierkunde. Kritisch berichtigter Text mit deutscher Übersetzung, sachlicher und sprachlicher Erklärung und vollständigem Index, herausgegeben von Hermann Aubert und Friedrich Wimmer. Leipzig.

CASSIUS DIO: Cassius Dio, Römische Geschichte, Bd. IV, Bücher 51–60, übersetzt von Otto Veh. Zürich und München 1986 (Artemis-Verlag).

COLUMELLA: Lucius Iunius Moderatus Columella, Zwölf Bücher über die Landwirtschaft, lateinisch-deutsch. Herausgegeben und übersetzt von Will Richter, München 1981 (Artemis-Verlag).

DIOSKURIDES: Dioscurides, De materia medica. Cod. Vindob. medic. Graec. 1 der Österreichischen Nationalbibliothek. Kommentar von Hans Gerstinger. Codices Selecti Phototypice Impressi. Facsimile vol. XII, Commentarium vol. XII. Graz 1970 (Akadem. Druck- und Verlagsanstalt).

FGRHIST: Die Fragmente der griechischen Historiker, herausgegeben von Felix Jacoby. Berlin 1923 (Weidmann), ab Teil III Leiden, New York, Köln 1964 (E. J. Brill)

KALLIXEINOS: Kallixeinos von Rhodos, FGrHist 627.

KTESIAS: Ctesias de Cnide, La Perse, l'Inde, autres fragments. Texte établi, traduit et commenté par Dominique Lenfant, Paris (Les Belles Lettres) 2004.

HERODOT: Herodot Historien: Griechisch-deutsch, herausgegeben von Josef Feix, München 1963 (Ernst Heimeran Verlag).

HORAZ (Satiren, Briefe): Quintus Horatius Flaccus, Opera, lateinisch-deutsch. Mit einem Nachwort herausgegeben von Bernhard Kytzler. Stuttgart 1992 (Reclam).

NEARCHOS: Nearchos von Kreta, FGrHist 133.

NIKOLAOS: Nikolaos von Damaskos: FGrHist 90.

OPPIAN (hal.): Oppian, Halieutica, or Fishing, in: Oppian, Colluthus Tryphiodorus, with an English translation by A. W. Mair. Cambridge, Mass. 1928 (Harvard University Press), London (William Heinemann LTD): S. 200–515 (The Loeb Classical Library).

PLATON: Platon, Phaidon, Griechisch und Deutsch, herausgegeben von Franz Dirlmeier. München 1959 (Ernst Heimeran Verlag).

PLINIUS (nat. hist.): C. Plinius Secundus: Naturalis Historiae libri XXXVII, herausgegeben und übersetzt von Roderich König in Zusammenarbeit mit Gerhard Winkler. C. Plinius Secundus d. Ä., Naturkunde, lateinisch-deutsch, Buch X, Zoologie: Vögel, Weitere Einzelheiten aus dem Tierreich. Darmstadt 1986 (Wissenschaftliche Buchgesellschaft).

STRABON: Strabons Geographika. Mit Übersetzung und Kommentar herausgegeben von Stefan Radt. Bd. 4, Buch XIV–XVII, Text und Übersetzung, Göttingen 2005 (Vandenhoek & Ruprecht).

SUETONIUS: C. Tranquillus Suetonius, Das Leben der Römischen Kaiser. Herausgegeben und übersetzt von Hans Martinet. Düsseldorf 2001 (Patmos Verlag).

VARRO: Marcus Terentius Varro, Gespräche über die Landwirtschaft. Herausgegeben und übersetzt von Dieter Flach. Darmstadt 2002 (Wissenschaftliche Buchgesellschaft).

9.2 Sekundärliteratur

ADORNATO, Gianfranco (2008): Didascalie, disegni e zoologia sul Papiro di Artemidoro. Archiv für Papyrusforschung 54 (2): 224–245.

ANDREAE, Bernard (2003): Antike Bildmosaiken. Mainz (Philipp von Zabern). Besprechung von Susanne Muth, München, aus dem Internet.

BÄCHTOLD-STÄUBLI, Hans & Eduard HOFFMANN-KRAYER (Hrsg.) (1927): Handwörterbuch des deutschen Aberglaubens. Berlin (de Gruyter).

BALTY, Janine (1995): Mosaiques antiques du proche-orient. Chronologie, iconographie, interprétation. Annales Littéraires de l'Université de Besançon 551: 1–389 (Centre de Recherches d'Histoire Ancienne 140).

BENECKE, B. (1879): Die Säugetiere in Herodots Geschichte. Wiss. Monatsblätter (Schade) 60–64, 104–112, 122–124.

v. BESSERER, Freiherr (1908): Ornithologische Beobachtungen aus Ägypten. Verhandl. Orn. Gesell. Bayern 9: 53–67.

BLUMENBACH, Johann Friedrich (1795–1810): Abbildungen naturhistorischer Gegenstände. Göttingen (Heinrich Dieterich).

BOESSNECK, Joachim (1988): Die Tierwelt des Alten Ägypten untersucht anhand kulturgeschichtlicher und zoologischer Quellen. München (C. H. Beck).

BOETTGER, Caesar R. (1958): Die Haustiere Afrikas. Jena (Gustav Fischer Verlag).

v. BOETTICHER, Hans (1954): Die Perlhühner. Die Neue Brehm-Bücherei 130, Wittenberg-Lutherstadt.

BOLOGNARI, Arturo (1951): La migrazione del Capodoglio nel Mediterraneo. Bollettino di Zoologia 18 (4–6): 253–256, Torino.

BODSON, Liliane (1980): Réalité et fiction dans le récit antique d'une chasse au Python. Bulletin de la Société Herpétologique de France 16: 4–8, Paris.

BODSON, Liliane (1986): Observations sur le vocabulaire de la zoologie antique: Les noms de serpents en Grec et en Latin. Documents pour l'histoire du vocabulaire scientifique 8: 65–119. Paris (Institut National de la Langue Française).

BODSON, Liliane (1998): Contribution à l'étude des critères d'appreciacion de l'animal exotique dans la tradition grecque ancienne. Colloques d'histoire des connaissances zoologiques 9: 139–212. Université de Liège.

BODSON, Liliane (1999): Ancient Greek views on the exotic animal. Acta philologica Fennica 32: 61–85, Helsinki.

BRACK, Annelies & Artur BRACK (1980): Das Grab des Haremheb. Theben 78, AV 35.

BREHM, Alfred Edmund (1911): Brehms Tierleben. Sechster Band. Leipzig, Wien (Bibliogr. Institut).

BRENTJES, B. (1966): Einige Bemerkungen zu Darstellungen der Hyänen, Erdwölfe und Hyänenhunde in den Kulturen des Alten Orients. Zeitschrift für Säugetierkunde 31 (44): 308–314.

BRENTJES, B. (1976): Altorientalische Vogelbilder als zoologisch-historische Quelle. Biol. Rundschau 14: 346–363, Jena.

BROTHWELL, D. (1979): Roman evidence of a crested form of domestic fowl, as indicated by a skull showing associated cerebral hernia. Journal of archaeological science 6: 201–293.

BRUNEAU, Ph. (2000): Les mosaistes antiques avaient-ils des cahiers de modèles? Ktema 25: 191–197.

CANFORA, Luciano (2002): Die verschwundene Bibliothek. Hamburg (eva taschenbuch 239).

CAPIZZI, Carmelo & Francesco GALATI (o. J.): Piazza Armerina. Seine Mosaiken und Morgantina. Bologna (italcards).

CARETTONI, Gianfilippo (1983): Das Haus des Augustus auf dem Palatin. Mainz (Philipp von Zabern).

CHAUDHURI, Kirti N. (1993): Trade and Civilisation in the Indian Ocean. An economic history from the rise of Islam to 1750. Cambridge Univ. Press.

CZURDA, Barbara & Franziska DICK (1980): Die Münzsammlung der Universität Wien. Wien (Österreichische Akademie der Wissenschaften).

DARWIN, Charles (1988/1868): The variation of animals and plants under domestication I. London. In: The works of Charles Darwin. Vol. 19 I: 236–289.

DEL HOYO, Josep, Andrew Elliott & Jordi Sargatal (Hrsg.) (1994): Handbook of the Birds of the World. Vol. 2. Barcelona (Lynx Editions).

DITTRICH, Lothar, Sigrid DITTRICH & Ingrid FAUST (1993): Das Bild der Giraffe. Hannover (Verlag Johannes Dieckmann).

DONDERER, Michael (2005): Und es gab sie doch! Ein neuer Papyrus und das Zeugnis der Mosaiken belegen die Verwendung antiker "Musterbücher". Antike Welt 36 (2): 59–68.

DRESSEN, Wolfgang, Georg MINKENBERG & Adam C. OELLERS (2003): Ex oriente. Isaak und der weiße Elefant. Mainz (Philipp von Zabern).

DUNBABIN, Katherine M. D. (1999): Mosaics of the Greek and Roman world. 257 p., Cambridge (Cambridge University Press).

EGGEBRECHT, Arne (1984): Das Alte Ägypten. München (Bertelsmann).

ECK, Siegfried (2001): Die neuen Vogelarten der Paläarktis (Aves). Zool. Abhandlungen 51 (9): 105–118. Dresden (Staatliches Museum für Tierkunde Dresden).

FISCHER, W., W. SCHNEIDER, M.-L. BAUCHOT (Hrsg.) (1987): Fiches FAO d'identification des espèces pour les besoins de la pêche. Méditerranée et Mer Noire. Zone de Pêche 37, Revision 1, vol. II, p. 763–1539, Roma (FAO).

GALLAZZI, Claudio, Bärbel KRAMER, Salvatore SETTIS (2008): Il Papiro di Artemidoro. Milano (LED).

GALAZZI, Claudio & Bärbel KRAMER (1998): Artemidor im Zeichensaal. Eine Papyrusrolle mit Text, Landkarte und Skizzenbüchern aus späthellenistischer Zeit, Archiv für Papyrusforschung 44: 189–208.

GALLAZZI, CLAUDIO & Salvatore SETTIS (ed.) (2006): Le tre vite del Papiro di Artemidoro. Voci e sguardi dall'Egitto greco-romano. Milano (Electa).

GERVASIUS TIBELLISIUS (Gervasius von Tilbury), Otia imperialia. Gervase of Tilbury (2002): Otia Imperialia. Recreation for an Emperor. Ed. by James W. Binns / Shelagh E. Banks. Oxford.

GIGNAC, Francis Thomas (1976): A Grammar of the Greek Papyri of the Roman and Byzantine Periods, Volume I: Phonology, Milano (Cisalpino – La Goliardica).

GOODMAN, Steven M. & Peter L. MEININGER (1989): The birds of Egypt. Oxford, New York (Oxford University Press).

GOSSEN, H. (1935): Die Tiernamen in Aelians 17 Büchern. Quellen und Studien zur Geschichte der Naturwissenschaften und der Medizin 4: 128–188, Berlin.

GRZIMEK, Bernhard (Hrsg.) (1968): Grzimeks Tierleben, 12. Band. Säugetiere. Zürich (Kindler).

GULLINI, Giorgio (1956): I mosaici di Palestrina. Archeologia classica: Supplemento 1.

GUZZO Pietro Giovanni, Giovanna BONIFACIO & Anna Maria SODO (Hrsg.) (2008/09): Otium ludens. Stabiae — At the Heart of the Roman Empire. Ravenna u. a. O.

HALFMANN, Helmut (1986): Itinera principum. Wiesbaden (Steiner).

Heinzel, Hermann, Richard Fitter, John Parslow (1995): Pareys Vogelbuch. 7. Auflage Hamburg, Berlin (Parey).

HOFMANN, I. (1974): Die Artgehörigkeit des syrischen Elefanten. Säuget. Mitt. 22: 225–232, München.

HOFFMAN, Adolf & Ulrike WULF (2004): Die Kaiserpaläste auf dem Palatin in Rom. Mainz (Philipp von Zabern).

HOULIHAN, Patrick F. (1988): The birds of ancient Egypt. Cairo (The American University in Cairo Press).

INSTITUT NATIONAL D'ARCHEOLOGIE ET D'ART DE TUNIS (1990): Recherches franco-tunisiennes sur la mosaique de de l'Afrique antique. I Xenia. Collection de l'école française de Rome 125.

HAECKEL, Ernst (1899): Die Welträthsel. Gemeinverständliche Studien über monistische Philosophie. Bonn (E. Strauß).

HÜNEMÖRDER, Christian (1973): Die Ikonographie des Fasans in der abendländisch-christlichen Buchmalerei. In: Festschrift für Claus Nissen 1971: 380–414. Wiesbaden (Guido Pressler).

KÁDÁR, Zóltan (1978): Survivals of Greek zoological illuminations in Byzantine manuscripts. Budapest (Akadémiai Kiadó).

KEIMER, Ludwig (1942): Quelques nouvelles remarques au sujet de l'hiéroglyphe NH. Annales du Service des Antiquités de l'Égypte 41: 325–332, Le Caire.

KEIMER, Ludwig (1954): Interpretation de plusieurs représentations anciennes d'ibis. CdÉ 29 (58): 247–250.

KELLER, Carl (1909): Die ausgestorbene Fauna von Kreta und ihre Beziehungen zur Minotaurus-Sage. Vierteljahresschr. naturf. Ges. 54: 425–435, Zürich.

KELLER, Otto (1909–13): Die Antike Tierwelt. Leipzig (reprint 1963 Hildesheim).

KINGDON, Jonathan (1997): The Kingdon field guide to African Mammals. San Diego, London etc. (Academic Press).

KINZELBACH, Ragnar & Joachim BOESSNECK (1991): Vorkommen der Mönchsrobbe *Monachus monachus* auf Sal (Kapverdische Inseln). Z. Säugetierkunde 57: 58–59.

KINZELBACH, Ragnar (1986): The Sperm Whale, *Physeter macrocephalus*, in the Eastern Mediterranean Sea. Zoology in the Middle East 1: 15–17, Heidelberg.

KINZELBACH, Ragnar (1991): Verbreitung ausgewählter Groß-Wirbeltiere und ihr Rückgang in historischer Zeit. Tübinger Atlas des Vorderen Orients. TAVO. Karte A VI13. Beiblatt.

KINZELBACH, Ragnar (1986): New records of Goliath Heron, Yellow-billed Stork, Blyth's Reed Warbler and Clamorous Reed Warbler in the Middle East. Bulletin of the Ornithological Society of the Middle East 17: 13–17.

KINZELBACH, Ragnar (2008): Pre-Linnean pictures of the secretarybird *Sagittarius serpentarius* (J. F. Miller, 1779). Archives of natural history 35 (2): 243–251.

KINZELBACH, Ragnar (2008): Veränderungen in der europäischen Vogelwelt vor 1758 nach historischen Quellen. S. 147–171. In: Herrmann, Bernd (Hrsg.), Beiträge zum Göttinger Umwelthistorischen Kolloquium 2007–2008.

KINZELBACH, Ragnar (2008a): Kaiser Friedrich II. De arte venandi cum avibus. Die Arten der Vögel. S. 268–299. In: Mamoun Fansa & Karen Ermete (Hrsg.). Von der Kunst mit Vögeln zu jagen. Das Falkenbuch Friedrichs II. Kulturgeschichte und Ornithologie. Begleitband zur Sonderausstellung „Kaiser

Friedrich II. (1194–1250). Welt und Kultur des Mittelmeerraums“ im Landesmuseum Natur und Mensch Oldenburg. Mainz (Philipp von Zabern).

KINZELBACH, Ragnar (2008b): Modi auium – Die Vogelarten im Falkenbuch des Kaisers Friedrich II. S. 62–135. In: Mamoun Fansa und Carsten Ritzau (Hrsg.). Kaiser Friedrich II. (1194–1250). Welt und Kultur des Mittelmeerraumes. Begleitband zur Sonderausstellung „Kaiser Friedrich II. (1194–1250). Welt und Kultur des Mittelmeerraums“ im Landesmuseum Natur und Mensch Oldenburg. Mainz (Philipp von Zabern).

KINZELBACH, Ragnar, Roberta OLSON, Baudouin VAN DEN ABEELE (2009): News on a Cacatoa in Sicily in the 13th century. J. Orn. (im Druck).

KINZELBACH, Ragnar & Jochen HÖLZINGER (2000): Marcus zum Lamm (1544–1606). Die Vogelbücher aus dem Thesaurus Picturarum. Stuttgart (Verlag Eugen Ulmer).

KINZELBACH, Ragnar (2010): Zur Geschichte der Haubenhühner (im Druck).

KINZELBACH, Ragnar (2010): Zur historischen Verbreitung der Pelikane in Europa. J. Orn. (im Druck).

KLUGE, Friedrich (2002): Etymologisches Wörterbuch der deutschen Sprache. 24. Auflage (CD-ROM ISBN 978-3-11-017474-8).

KOCK, Dieter (1990): Historical record of a Tiger, *Panthera tigris* (Linnaeus, 1758), in Iraq. Zoology of the Middle East 4: 11–15, Heidelberg.

KÖRNER, Otto (1930): Die homerische Tierwelt. 2. Aufl. München.

KOZLOFF, Arielle P. *et al.* (1983): Tierbilder aus vier Jahrtausenden. Antiken der Sammlung Mildenberg. Mainz (Philipp Zabern).

KUENTZ, Charles (1934): L'oie du Nil (*Chenalopex aegyptiaca*) dans l'antique Égypte. Arch. du Mus. d'hist. nat. de Lyon 14, Lyon.

LAMBOURNE, Maureen (1990): The art of bird illustration. New Jersey (Wellfleet Press, Quarto Publishing).

LANGE, Kurt & Max HIRMER (1967): Ägypten. Architektur, Plastik, Malerei in drei Jahrtausenden. München (Hirmer Verlag).

LANGE, Kurt & Max HIRMER (1978): Ägypten. Architektur, Plastik, Malerei in drei Jahrtausenden. Sonderausgabe. München (Hirmer Verlag).

LANGNER, Martin (2001): Antike Graffitti-Zeichnungen. Motive, Gestaltung, Bedeutung. Palilia 11 (Ludwig Reichert Verlag Wiesbaden).

LEITNER, Helmut (1972): Zoologische Terminologie beim Älteren Plinius. Hildesheim (Gerstenberg).

V. MANDEVILLE, Johann (1986): Von seltsamen Ländern und wunderlichen Völkern. Ein Reisebuch von 1356. Leipzig.

MARCHESSAUX, D. (1990): Distribution et statut des populations du phoque moine *Monachus monachus* (Hermann, 1779). Mammalia 53 (4): 621–642, Paris 1989.

MARTIN, André & Georges FRADIER (1994): Mosaiques Romaines de Tunisie. 5ème ed., Tunis (Cérès Editions).

MASSETI, Marco (2009): Pictorial evidence from medieval Italy of cheetahs and caracals, and their use in hunting. Archives of natural history 36 (1): 37–47.

MAYSER, Edwin & Hans SCHMOLL (1970): Grammatik der griechischen Papyri aus der Ptolemäerzeit mit Einschluss der gleichzeitigen Ostraka und der in Ägypten verfassten Inschriften. Band 1: Laut- und Wortlehre, I. Teil: Einleitung und Lautlehre, 2. Auflage bearbeitet von Hans Schmoll, Berlin (de Gruyter).

MEINERTZHAGEN, Richard (1930): Nicholl's birds of Egypt. London.

MEYBOOM, Paul G. P. (1995): The Nile mosaic of Palestrina. Early evidence of Egyptian religion in Italy. Leiden, New York, Köln (E. J. Brill).

MICUNCO, Stefano (2008): Il papiro di Artemidoro. Quaderni di storia 64: 29–40, Roma-Bari (Laterza).

MUSEUM FÜR ISLAMISCHE KUNST (1995): Das Staunen der Welt. Das Morgenland und Friedrich II. (1194–1250). Berlin.

NAPPO, Salvatore Ciro (1998): Pompeji. Die versunkene Stadt. Köln (Karl Müller Verlag).

NIETHAMMER, Günter (1963): Die Einbürgerung von Säugetieren und Vögeln in Europa. Hamburg, Berlin.

NISSEN, Claus (1953): Die illustrierten Vogelbücher. Ihre Geschichte und Bibliographie. Stuttgart (A. Hiersemann).

NOTARBARTOLO-DI-SCIARA, Giuseppe (1987): Killer Whale, *Orcinus orca*, in the Mediterranean Sea. Marine Mammal Science 3 (4): 356–360.

OLAUS MAGNUS (1532): Historia de gentibus septentrionalibus. Rom.

OSBORN, Dale J. & Jana OSBORNOVÁ (1998): The Mammals of Ancient Egypt. Warminster (Aris & Phillips), The Natural History of Egypt: Vol. IV.

PANETTA, Marisa Ranieri ed. (2004): Pompeji. Geschichte, Kunst und Leben in der versunkenen Stadt. Stuttgart (Belser Verlag).

PETERS, Joris (1997): Zum Stand der Hühnerhaltung in der Antike. Beiträge zur Archäozoologie und Prähistorischen Anthropologie 1: 42–58 (GAPA).

PETIT, L. G. (2002): La migration du coq: de l'extrême orient à la Méditerranée. Seminaire de recherche du thème 15 Archéologie de l'Animal (UMR 154 – CNRS), Lattes-Montpellier (France), 29 Septembre 2000, S. 73–82, BAR International Series 1017.

PETRUS CANDIDUS (1993) Einhorn und Nachtigall. Die 200 schönsten Miniaturen aus dem Tierbuch des Petrus Candidus. Zürich (Belser). (Text 1460, Illustrationen vor 1630).

PINAULT, Madeleine (1991): The painter as naturalist. Paris (Flammarion).

PRASCHAG, PETER, A.K. HUNDSDÖRFER, A.H.M.A. REZA & U. FRITZ, (2007): Genetic evidence for wild-living *Aspideretes nigricans* and a molecular phylogeny of South Asian softshell turtles (Reptilia: Trionychidae: *Aspideretes, Nilssonia*). Zool. Scripta 36 (4): 301–310.

PTAK, Roderich (2007): Die maritime Seidenstraße. München.

REESE, David S. (1999): Marine Invertebrates. Fresh-Water Shells, and Land Snails: Evidence from Specimens, Mosaics, Wall Paintings, Sculpture and Ancient Authors. S. 292–314. In: Wilhelmina Feemster Jashemski (a cura di),

Natural History of Pompeii and the Other Sites Destroyed by Vesuvius. Washington D. C.

REITER, Fabian (2008): Anatomie der Welt. Wissenschaft und Kunst auf dem Artemidor-Papyrus. 48 S., Begleitheft zur Ausstellung vom 13.03.–30.06.2008, Staatliche Museen zu Berlin.

REQUATE, Horst (1959): Federhauben bei Vögeln. Eine genetische und entwicklungsphysiologische Studie zum Problem der Parallelbildungen. Z. wiss. Zool. 162: 191–313.

RIEDL, Rupert (1983): Fauna und Flora des Mittelmeeres. Hamburg, Berlin (Parey).

RISLER, Helmut (1954): Zucht- und rassekundlicher Bilder-Atlas des Geflügels. Reutlingen (Oertel & Spöhr).

RONALD, K. & R. DUGUY (Hrsg.) (1979): The recent status of *Monachus monachus* the Mediterranean Monk Seal. Proc, 1st Int. Conf. on Monk Seals, Rhodos, Greece. Oxford, New York (Pergamon Press).

SCHÜZ, Ernst (1986): Über die Namen des Weißstorchs (*Ciconia ciconia*) als Ausdruck einer vielfältigen Mensch-Vogel-Beziehung. Beih. Veröff. Naturschutz Landschaftspflege Bad.-Württ. 43: 15–24, Karlsruhe.

SCHULZE-HAGEN, Karl, Frank STEINHEIMER, Ragnar KINZELBACH & Christoph GASSER (2003): Avian taxiodermy in Europe from the Middle Ages to the Renaissance. J. Ornithologie 144 (4): 459–478, Berlin (Blackwell).

SCHWAB, Gustav (1838–1840): Sagen des Klassischen Altertums. Ungekürzte Ausgabe in drei Bänden 1972. Frankfurt a. M. (Insel-Taschenbuch 127).

SPRINGER, Katharina & Ragnar KINZELBACH (2008): Das Vogelbuch von Conrad Gessner (1515–1565) als faunenhistorische Quelle. Heidelberg (Springer Verlag).

STEIER, August, Tiger. In: Paulys Realencyclopädie der classischen Altertumswissenschaft. Neue Bearbeitung, begonnen von Georg Wissowa, hrsg. von Wilhelm Kroll und Karl Mittelhaus. Zweite Reihe, 11. Halbband (VI A 1). Stuttgart 1936 (Alfred Druckenmüller Verlag), Sp. 946–952.

STEINMEYER-SCHAREIKA, Angela (1978): Das Nilmosaik von Palestrina und eine ptolemäische Expedition nach Äthiopien. Bonn (Rudolf Habelt Verlag).

TAMMISTO, Antero (1997): Birds in Mosaics. Acta Instituti Romani Finlandiae XVIII, Roma).

TEEGEN, Wolf-Rüdiger (2007): Ein römisches Haubenhuhn aus der Grabung am Klinikum Mutterhaus in Trier. Funde und Ausgrabungen im Bezirk Trier 39: 21–25, Trier.

THEVET, André (1982): Les singularités de la France antarctique autrement nommée Amérique et de plusieurs terres et les découvertes de notre temps... Nouvelle édition avec notes et commentaires. Paris 1558. Ed. Paul Gaffarel. Paris (Maisonneuve & Cie.).

THOMAS, A. (1917): La pintade dans les textes du moyen-âge. Comptes Rendus de l'Académie des Inscriptions et Belles Lettres, 1917: 35–50, Paris.

THOMPSON, D'Arcy Wentworth (1936): A glossary of Greek birds. London, Oxford. Nachdruck Hildesheim (Georg Olms Verlagsbuchhandlung) 1966.

THOMPSON, D'Arcy Wentworth (1947): A glossary of Greek fishes. London (St. Andrews University Publications XLV). Reprint London, Oxford. University Press (Geoffrey Cumberlege) 1988.

TOYNBEE, Jocelyn M. C. (1983): Tierwelt der Antike. Mainz (Philipp von Zabern) (Kulturgeschichte der antiken Welt 17).

VAN DEN BRINK, Frederik H. (1957): Die Säugetiere Europas westlich des 30. Längengrades. Hamburg, Berlin (Verlag Paul Parey).

VANDIER, Jacques (1952): Manuel d'Archéologie Égyptienne. Les Époques de Formation. La Préhistoire. I 1, p. 1–609. Les trois premières dynasties. I 2, p. 613–1044. Paris (A. & J. Picard et Cie.).

VON DER MÜHLE, Heinrich Graf (1844): Beiträge zur Ornithologie Griechenlands. Leipzig.

WALZ, Dorothea & Carl Arnold WILLEMSEN (2000): Das Falkenbuch Friedrichs II. Graz (Akademische Druck- und Verlagsanstalt).

WEEBER, Karl-Wilhelm (1994): Panem et circenses. Massenunterhaltung als Politik im Antiken Rom. Mainz (Philipp von Zabern).

WILDUNG, Dietrich, (Ed.) (2000): Ägypten 2000 v. Chr. Die Geburt des Individuums. München (Hirmer Verlag).

WINTER, Erich (1991): Der Auftrag der Kunst im Pharaonenreich. Trierer Beiträge. Aus Forschung und Lehre an der Universität Trier 18: 3–9, Trier.

ZIMMER, Heinrich (1981): Indische Mythen und Symbole. Köln (Diederichs).

10. Index aller Tiernamen

Abdimstorch *Ciconia abdimii* Lichtenstein, 1823
Ameise Formicoidea gen. sp.
Assala, Felsenpython *Python sebae* (Gmelin, 1788)
Berberschaf Subspecies *A. l. ornata* (Audouin, 1829)
Berberschaf *Ammotragus lervia* (Pallas, 1777)
Biber *Castor fiber* Linnaeus, 1758
Birkhuhn *Lyrurus tetrix* Linnaeus, 1758
Bobak *Marmota (Arctomys) bobak* (Müller, 1776)
Braunbär, Syrischer *Ursus arctos syriacus* Hemprich & Ehrenberg 1828
Diplodus spp.
Dromedar *Camelus dromedarius* Linnaeus, 1758
Eichelhäher *Garrulus glandarius* Linnaeus, 1758
Elefant, Afrikanischer *Loxodonta africana*
Elefant, Indischer *Elephas maximus*
Esel *Equus asinus* Linnaeus, 1758
Erdwolf *Proteles cristatus* (Sparrman, 1783)
Falbkatze *Felis silvestris libyca* Forster, 1780
Fangschreckenkrebs *Squilla mantis* (Linnaeus, 1758)
Flamingo *Phoenicopterus ruber* Linnaeus, 1758
Fliegender Fisch *Cypselurus heterurus* (Rafinesque, 1810)
Fliegender Fisch *Hirundichthys rondeletii* (Valenciennes, 1846)
(Synonym Gattung *Exonautes*)
Flughahn *Dactylopterus volitans* (Linnaeus 1758)
Ganges-Weichschildkröte *Trionyx* (*Aspideretes*) *gangetica* (Cuvier, 1825)
Gänsegeier *Gyps fulvus* Hablizl, 1783
Gaukler *Terathopius ecaudatus* Daudin, 1800
Gelbhaubenkakadu *Cacatua galerita* (Latham, 1790)
Gepard *Acinonyx jubatus* (Schreber, 1775)
Goldfasan *Chrysolophus pictus* Linnaeus, 1758
Graureiher *Ardea cinerea* Linnaeus, 1758
Habichtsadler *Hieraaetus fasciatus* Vieillot, 1822
Hagedasch Ibis *Bostrychia hagedash* (Latham, 1790)
Halsbandsittich *Psittacula krameri* (Scopoli, 1769)
Hammerhai *Squalus zygaena* Linnaeus, 1758
Haushuhn *Gallus gallus* Linnaeus, 1758
Hauskatze *Felis catus* Linnaeus, 1758

Hausschaf, Jakobsschaf, Vierhornschaf *Ovis orientalis* Gmelin, 1774
Haustaube *Columba livia* Linnaeus, 1758
Hecht *Esox lucius* Linnaeus, 1758
Heiliger Ibis *Threskiornis aethiopicus* (Latham, 1790)
Hering *Clupea harengus* Linnaeus, 1758
Himalayamonal *Lophophorus impejanus* (Latham, 1790)
Himmelsgucker *Uranoscopus scaber* Linnaeus, 1758
Honigdachs *Mellivora capensis* (Schreber, 1776)
Hornrabe *Bucorvus abyssinicus* (Boddaert, 1783)
Hund *Canis familiaris* Linnaeus, 1758
Hyänenhund *Lycaon pictus* Temminck, 1820
Italiensperling *Passer italiane* (Vieillot, 1817)
Jagdfasan *Phasianus colchicus* Linnaeus, 1758
Kamel, Trampeltier *Camelus bactrianus* Linnaeus, 1758
Karakal *Caracal caracal* (Schreber, 1776)
Keulenrochen *Raja clavata* Linnaeus, 1758
Klippschliefer *Procavia* spp.
Komodowaran *Varanus komodoensis* Ouwens, 1912
Königskobra *Ophiophagus hannah* Cantor, 1836
Kormoran *Phalacrocorax carbo* Linnaeus, 1758
Kranich *Grus grus* Linnaeus, 1758
Krauskopfpelikan *Pelecanus crispus* (Bruch, 1832)
Krickente *Anas crecca* Linnaeus, 1758
Krokodil *Crocodylus niloticus* Linnaeus, 1758
Kronenkranich *Grus pavonina* Linnaeus, 1758
Kuckuck *Cuculus canorus* Linnaeus, 1758
Kugelfisch *Tetrodon lineatus* (Linnaeus, 1758)
Kugelfisch? *Lagocephalus lagocephalus* (Linnaeus, 1758)
Lachs *Salmo salar* Linnaeus, 1758
Leopard *Panthera pardus* (Linnaeus, 1758)
Löffler *Platalea leucorodia* Linnaeus, 1758
Löwe *Panthera leo* (Linnaeus, 1758)
Malabarhornvogel *Anthracoceros coronatus* (Boddaert, 1783)
Marabu *Leptoptilos crumeniferus* (Lesson, 1831)
Meeräsche *Mugil* spp.
Meerrabe *Johnius umbra* (Linnaeus, 1758)
Mönchsrobbe *Monachus monachus* (Hermann, 1779)
Mondfisch *Mola mola* Linnaeus, 1758
Nachtigall *Luscinia megarhynchos* Linnaeus, 1758
Flussneunauge des Pado *Lethenteron zanandreaei* (Vladykov, 1955)
Nilgans *Alopochen aegyptiacus* (Linnaeus, 1766)
Nimmersatt *Mycteria ibis* (Linnaeus, 1766)
Ohrfasan, Blauer *Crossoptilon auritum* (Pallas, 1811)
Panzernashorn *Rhinoceros unicornis* Linnaeus, 1758

Papageifisch *Sparisoma cretensis* (Linnaeus, 1758) (synonym Gattungen *Scarus*, *Euscarus*)
Paradiesvogel *Paradisaea apoda* Linnaeus, 1758
Perlhuhn Atlas-Perlhuhn *Numida meleagris sabyi* Hartert, 1919
Perlhuhn Ostafrikanisches Perlhuhn *Numida meleagris meleagris* (Linnaeus, 1758)
Perlhuhn Westafrikanisches Perlhuhn *Numida meleagris galeata* Pallas, 1767
Pfau *Pavo cristatus* Linnaeus, 1758
Pferd *Equus caballus* Linnaeus, 1758
Pirol *Oriolus oriolus* Linnaeus, 1758
Pottwal *Physeter macrocephalus* Linnaeus, 1758
Purpurhuhn *Porphyrio porphyrio* (Linnaeus, 1758)
Purpurreiher *Ardea purpurea* Linnaeus, 1758
Rind *Bos taurus* Linnaeus, 1758
Ringeltaube *Columba palumbus* Linnaeus, 1758
Rohrkatze *Felis chaus* Schreber, 1777
Rosapelikan *Pelecanus onocrotalus* Linnaeus, 1758
Rostgans *Casarca casarca* (Linnaeus, 1758) (=*Tadorna ferruginea* Pallas, 1764)
Rötelfalke *Falco naumanni* Fleischer, 1818
Rötelpelikan *Pelecanus rufescens* Gmelin, 1789
Rothirsch *Cervus elaphus* Linnaeus, 1758
Sägerochen *Pristis pristis* (Linnaeus, 1758)
Salzkrebschen *Artemia salina* (Linnaeus, 1758)
Sattelstorch *Ephippiorhynchus senegalensis* (Shaw, 1800)
Satyrtragopan *Tragopana satyra* Linnaeus, 1758
Schuhschnabel *Balaeniceps rex* Gould, 1850
Schwanengans *Anser cygnoides*
Schwertfisch *Xiphias gladius* Linnaeus, 1758
Seehase, Gefleckter *Aplysia depilans* Gmelin, 1791
Seehase, Gepunkteter *Aplysia punctata* Cuvier, 1803.
Sekretär *Sagittarius serpentarius* (J. F. Miller, 1779)
Serval *Leptailurus serval* Schreber, 1776
Sperbereule *Surnia ulula* (Linnaeus, 1758)
Springhase *Pedetes capensis* (Forster, 1878)
Stör *Acipenser sturio* Linnaeus, 1758
Streifenhyäne *Hyaena hyaena* (Linnaeus, 1758)
Sumpfluchs *Felis chaus* Schreber, 1772
Tetraodontiformes Gattungen *Diodon*, *Chilomycterus*
Teufelsrochen *Mobula mobular* Bonnaterre, 1788
Thunfisch *Thynnus thunnus* Linnaeus, 1758
Tiger *Panthera tigris* (Linnaeus, 1758)
Tigerpython *Python molurus* Linnaeus, 1758
Tüpfelhyäne *Crocuta crocuta* (Erxleben, 1777)
Uraeusschlange *Naja haje* Linnaeus, 1758

Vierhornantilope *Tetracerus quadricornis* (Blainville, 1816)
Wachtelkönig *Crex crex* Linnaeus, 1758
Waldrapp *Geronticus eremita* Linnaeus, 1758
Wasserbock *Kobus ellipsiprymnus* (Ogilby, 1833)
Wels *Silurus glanis* Linnaeus, 1758
Widderchen *Zygaena* spp., eine Schmetterlings-Gattung der modernen Zoologie
Wolf *Canis lupus* Linnaeus, 1758
Wildkatze *Felis silvestris* Schreber, 1777
Wildschwein *Sus scrofa* Linnaeus, 1758
Wüstenwaran *Varanus varanus* Linnaeus, 1758
Zahnbrasse *Dentex dentex* (Linnaeus, 1758)
Ziege, Hausziege *Capra aegagrus* Linnaeus, 1758

Tafelanhang

Abb. 1. Erdwolf **V01**

Abb. 2. Erdwolf *Proteles cristatus*, Orig. Barbara Kinzelbach

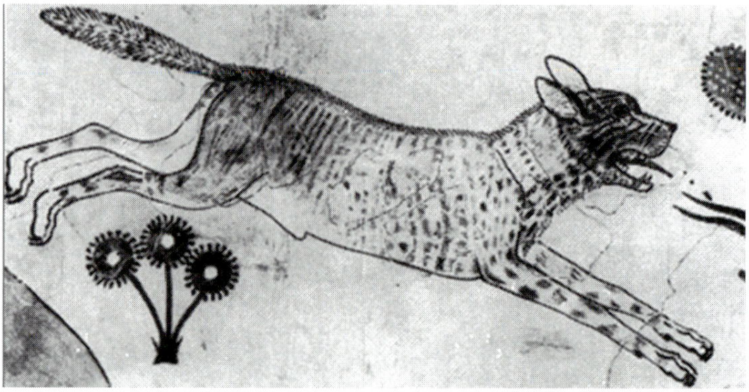

Abb. 3. Streifenhyäne, Grab des Antef, Theben, XVII. Dynastie, Osborn & Osbornová (1958: 97)

Abb. 4. Streifenhyäne *Hyaena hyaena*, Kingdon (1997: 259)

Abb. 5. Streifenhyäne, Mästung, Grab des Kagemni, 6. Dynastie, Boessneck (1988: Abb. 55)

Abb. 6. Tüpfelhyäne **V02**

Abb. 7. Tüpfelhyäne *Crocuta crocuta*,
Original Barbara Kinzelbach

Abb. 8. Nilwarane **V03**

Abb. 9. Nilwaran *Varanus niloticus*, Murchison Falls, Uganda, Foto R. Kinzelbach 2009

Abb. 10. Jakobsschaf **V04**

Abb. 11. Jakobsschaf *Ovis orientalis*, Kleiner 1732, Pinault (1991: 178)

TAFEL VI

Abb. 12. Papageifisch **V05**

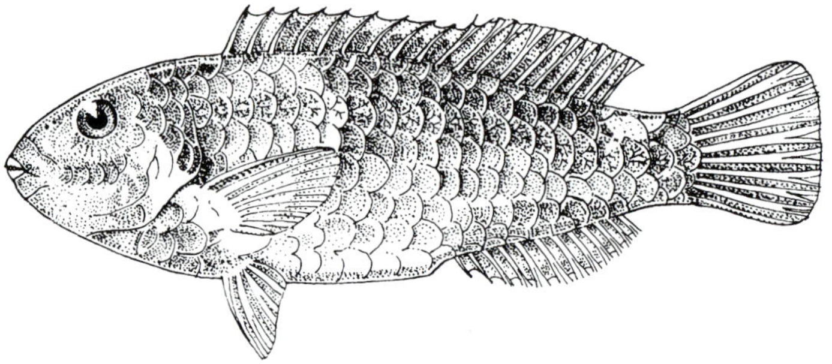

Abb. 13. Papageifisch *Sparisoma cretensis*,
Riedl (1983: 268)

Abb. 14. Papageifisch *Sparisoma cretensis*,
Piazza Armerina,
Capizzi & Galati (o. J.: 71)

Abb. 15. Rohrkatze **V06**

Abb. 16. Rohrkatze *Felis chaus*, Kingdon (1997: 278 seitenverkehrt)

Abb. 17. Rohrkatze *Felis chaus*, Vogeljagd, Grab des Nebamun, 18. Dyn., Lambourne (1990: 8)

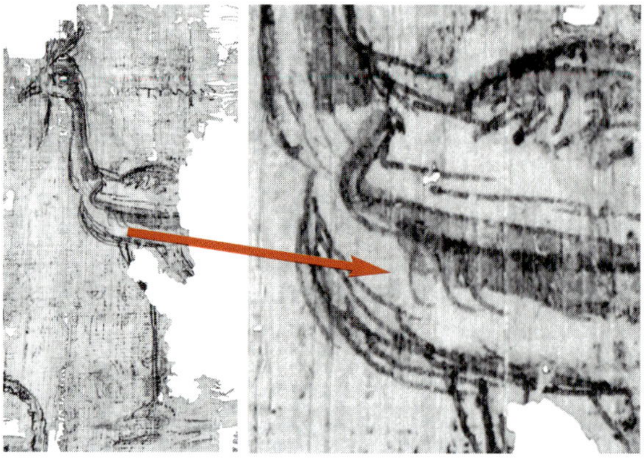

Abb. 18. Helmkasuar *Casuarius casuarius* **V07**, ganz und im Detail: Flügel mit drei Federkielen

Abb. 19 Federkiele am Flügel eines jungen Helmkasuars, ZSRO Av 1386, Foto R. Kinzelbach

Abb. 20. Helmkasuar *Casuarius casuarius*, Blumenbach (1795-1810: 97)

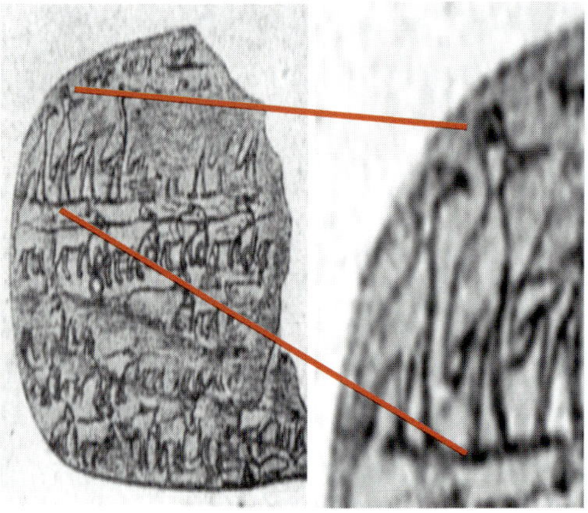

Abb. 21. Zum Vergleich: Kronenkranich *Balearica pavonina* (dahinter Sekretär), prädynastisch, Keimer (1954)

Abb. 22. Nilgans *Alopochen nilotica* **V08**, mit Abdruck einer Hand vom Recto

Abb. 23. Nilgans *Alopochen aegyptiacus*, Vogeljagd im Röhricht, 18. Dynastie, Grab des Nebamun, Detail, Lambourne (1990: 8)

Abb 24. Nilgans *Alopochen aegyptiacus*, Deir el-Medina, Amenemipet 265, 19. Dynastie, Kuentz (1934: pl. I)

Abb. 25. Kampf von Xiphias
und Thynnopristis **V09**

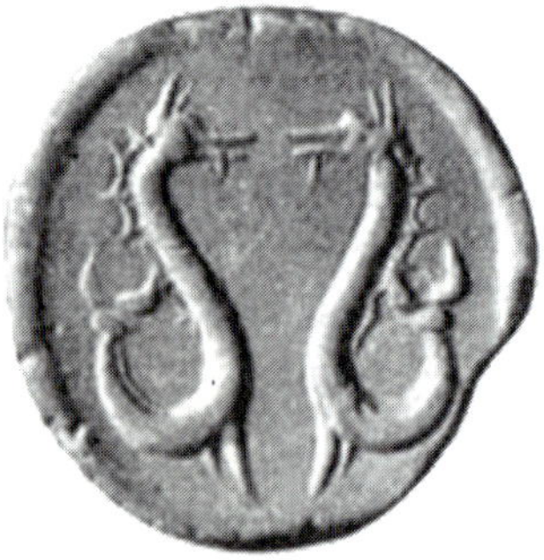

Abb. 26. „pistrix", thynnopristis,
Keller II (1913: Tafel II 18)

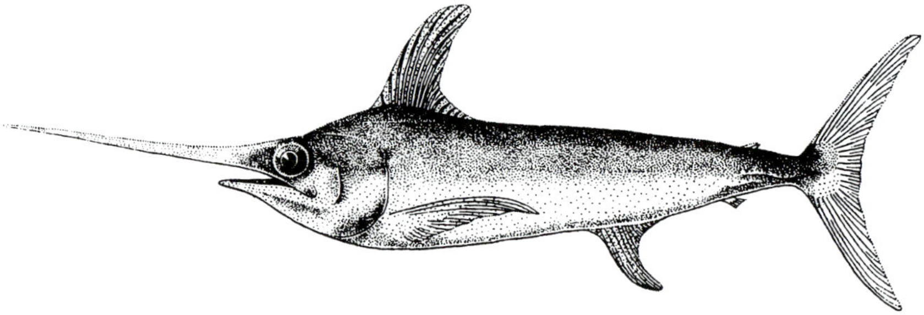

Abb. 27. Zum Vergleich: Schwertfisch *Xiphias gladius*, Riedl (1983: Taf. 276)

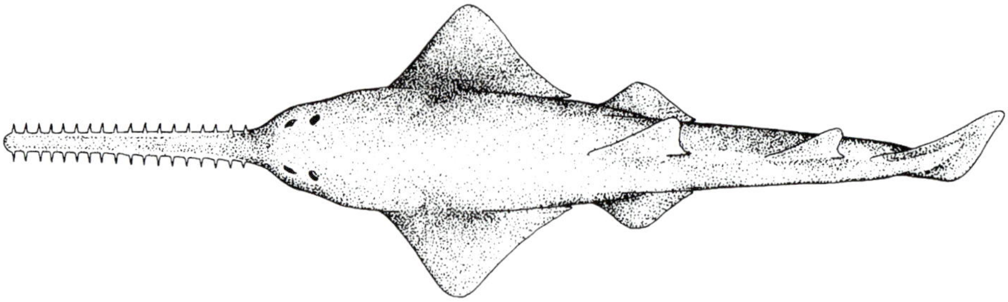

Abb. 28. Zum Vergleich: Sägerochen *Pristis pristis*, Fiches FAO, Mediterr. II (1987: 866)

Abb. 29. Thynnopristis, Piazza Armerina, Capizzi & Galati (o. J.: 73)

Abb. 30. Thynnopristis, Rades, Tunesien, Bardo Museum, Martin & Fradier (1994: 172)

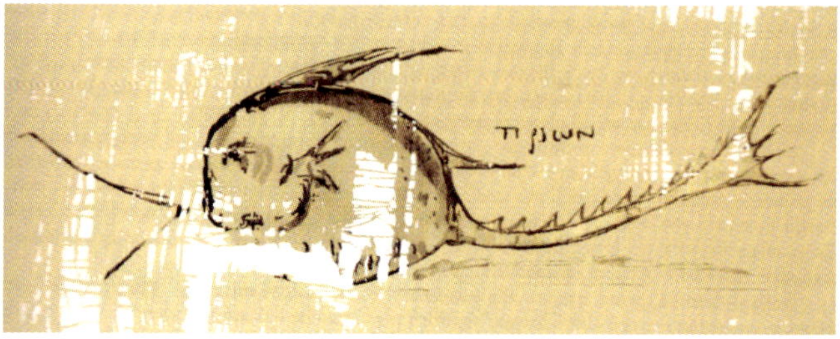

Abb. 31. Sägerochen **V10**

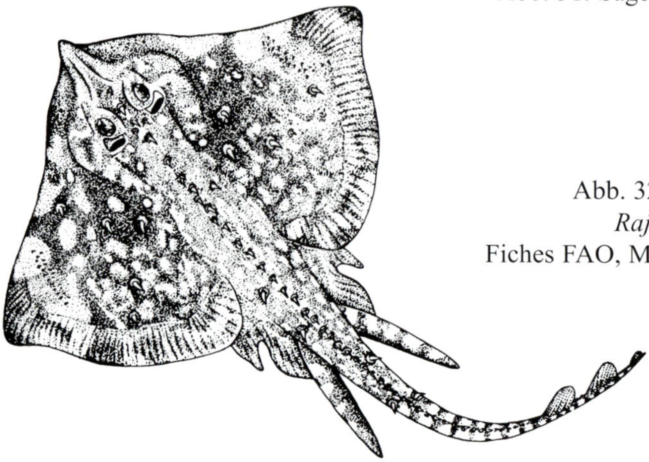

Abb. 32. Sägerochen
Raja clavata,
Fiches FAO, Mediterr. II (1987: 873)

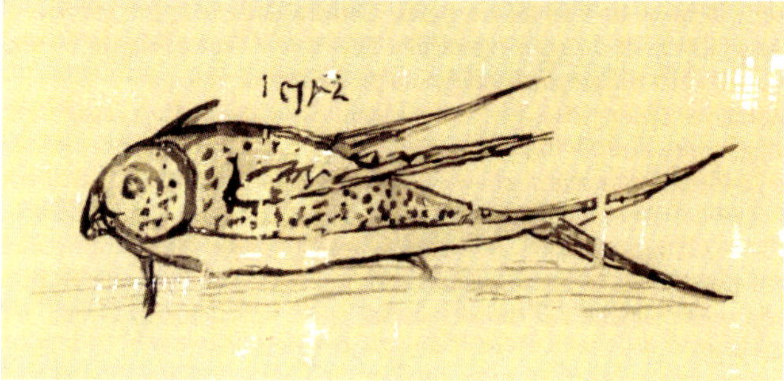

Abb. 33. Fliegender Fisch **V11**

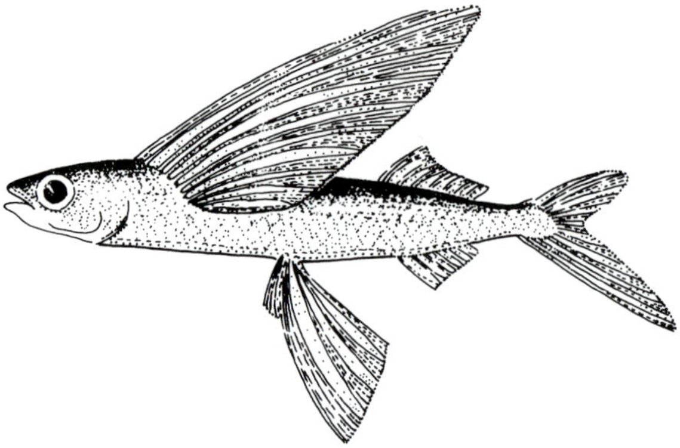

Abb. 34. Fliegender Fisch
Hirundichthys rondeletii,
Riedl (1983: Taf. 257)

Abb. 35. Höckerschwan **V12**

Abb. 36. Höckerschwan *Cygnus olor*, drohend, Foto R. Kinzelbach

Abb. 37. Höckerschwan „*kyknos*", schwarzes Band am Schnabelgrund, bisher als Singschwan gedeutet, Wiener Dioskurides, 512 n. Chr.

Abb. 38. Holländische Weißhauben, Risler (1954: Nr. 16)

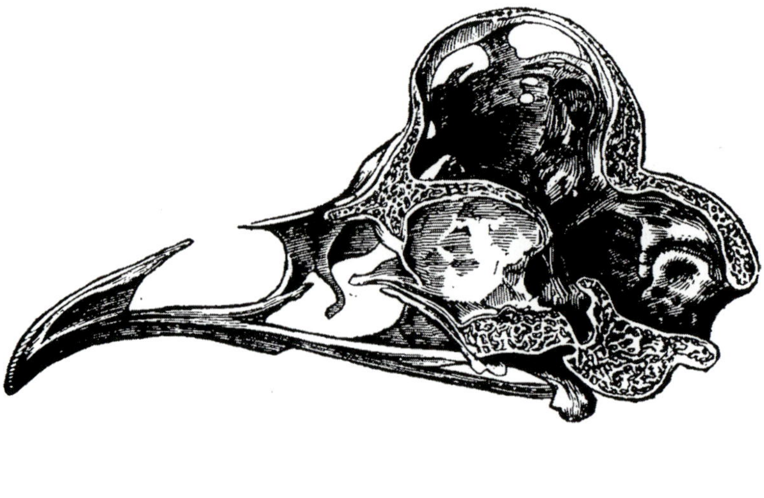

Abb. 39. Schädel vom „Polnischen Huhn“, Haubenhuhn, Darwin (1868: fig. 35)

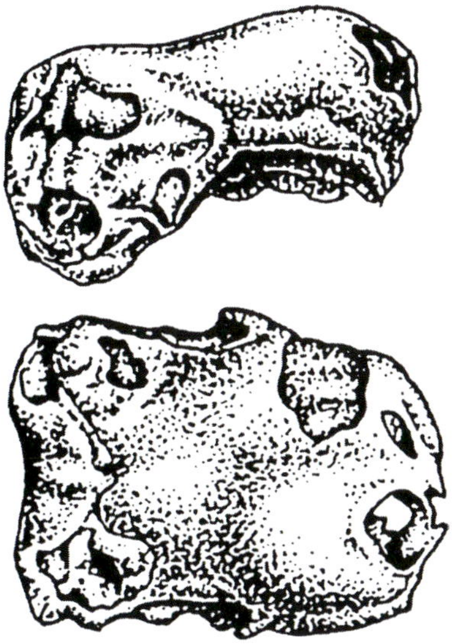

Abb. 40. Haubenhuhn, Schädel von der Seite und von oben, späte Römerzeit, Uley, nach Peters (1997: 48)

Abb. 41. Schädel vom Haubenhuhn, Römerzeit, Trier. Teegen (2007: 1)

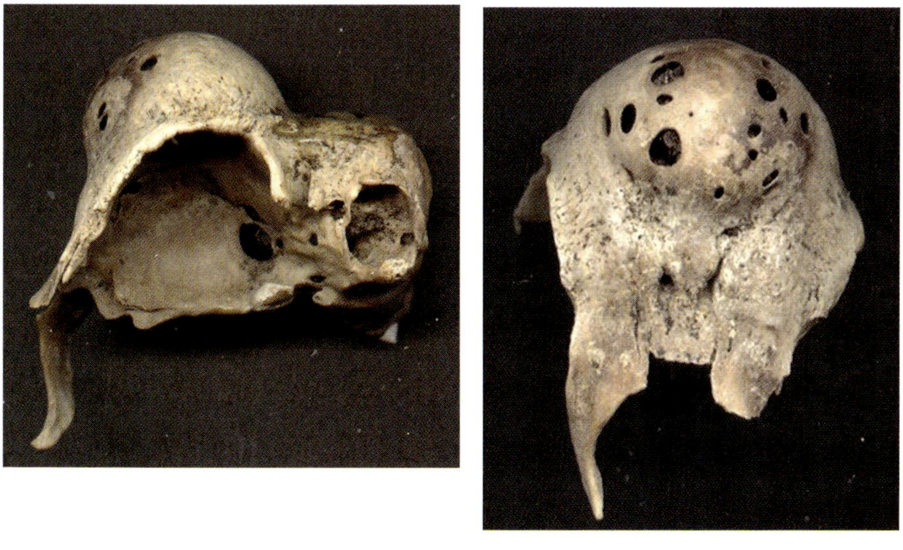

Abb. 42. Haubenhuhn, Schädel von der Seite (Auftreibung) und von vorn (Perforierung), Abfallgrube Rostock 15. Jh., Foto R. Kinzelbach

Abb. 43. Stelzenläufer **V14**

Abb. 44. Stelzenläufer
Himantopus himantopus,
Heinzel, Fitter, Parslow (1996: 133)

Abb. 45. Seidenreiher
Egretta garzetta zum Vergleich,
Heinzel, Fitter, Parslow (1996: 47)

Abb. 46. Mondfisch **V15**

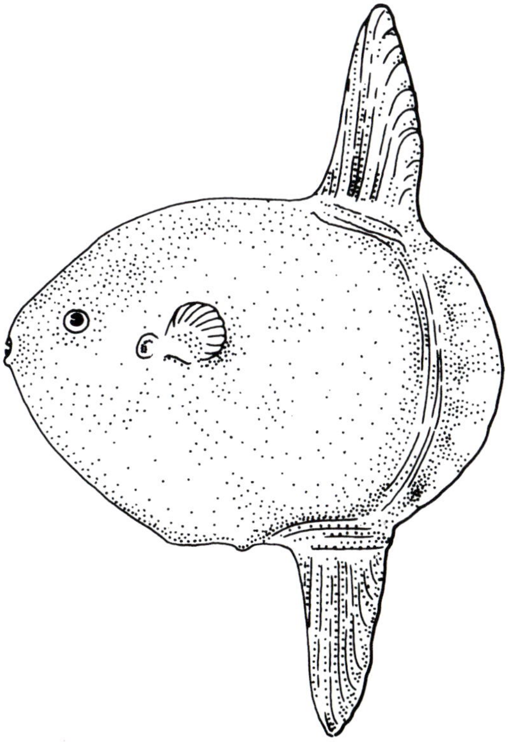

Abb 47. Mondfisch *Mola mola*, Riedl (1983: Taf. 289)

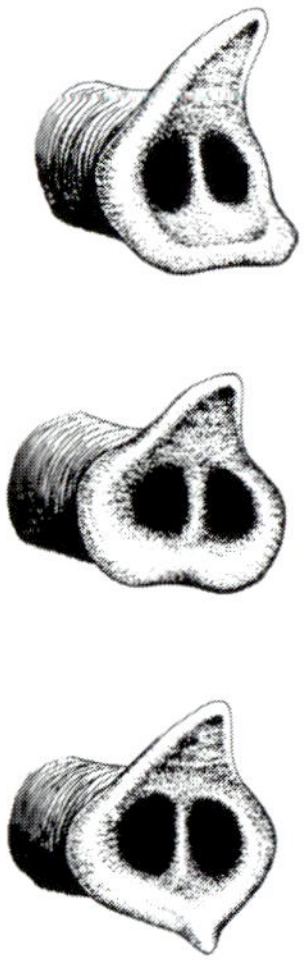

Abb. 48. Rüsselspitze von **V16** im Vergleich mit (von oben)
dem Afrikanischen, Indischen Elefanten und dem Mammut, Grzimeks Tierleben 12

Abb. 49. Augustus auf Biga, Elefanten der Indischen Gesandtschaft, Münzmeister Petronius 18 v. Chr., Czurda & Dick (1980)

Abb. 50. Zum Vergleich: Afrikanischer Elefant auf Denar Caesars 46 v. Chr., Rheinisches Landesmuseum Bonn

Abb. 51. Ein Mitarbeiter der Vereinten Nationen wurde 2007 im Kongo Opfer eines Felsenpythons. Foto UN, privat

Abb. 52. Schwertwal *Orcinus orca*, Van den Brink (1957: Taf. 23)

Abb. 53. Teufelsrochen
Mobula mobular, dorsal,
Fischer et al. (1987: 850)

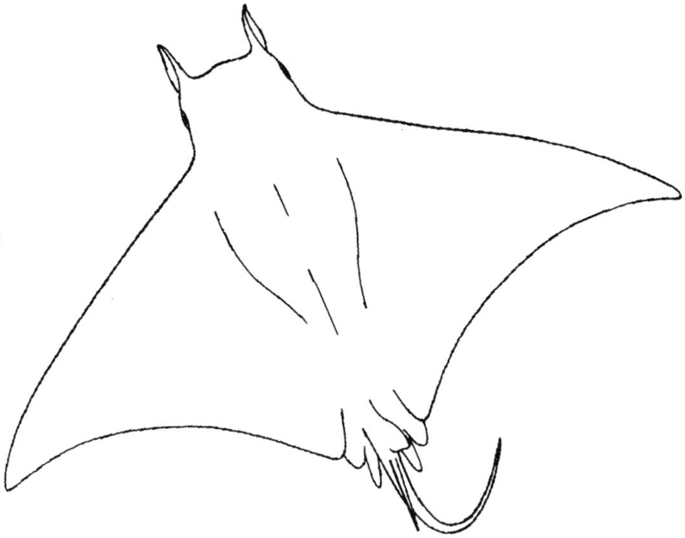

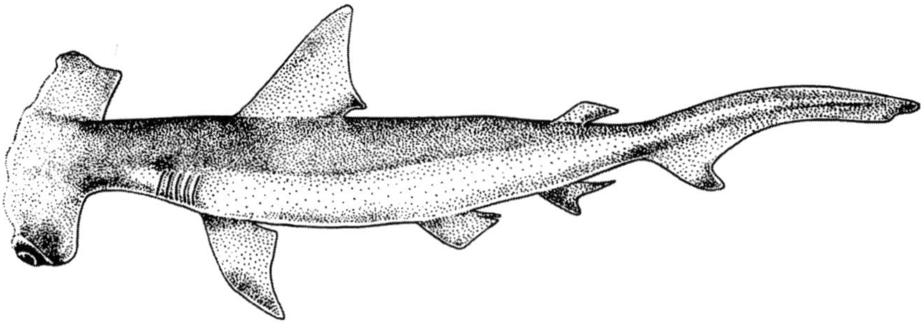

Abb. 54. Hammerhai *Squalus zygaena*, Riedl (1983: Taf. 246)

Abb. 55. Greif und Leopard **V19**

Abb. 56. Leopard *Panthera pardus* zum Vergleich, Stabiae

Abb. 57. Bartgeier *Gypaetus barbatus*, Brehm (1911)

Abb. 58. Bartgeier *Gypaetus barbatus*, Münze aus Kyrene, Keller (1913: Taf I, 1)

Abb. 59. Greif mit Löwenkörper entführt Kiste mit einem Menschen in sein Nest, Piazza Armerina, Capizzi & Galati (o. J.: 57)

Abb. 60. Pottwal **V20**

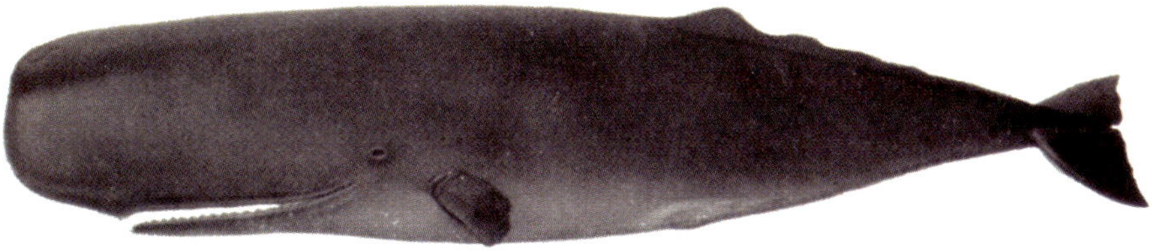

Abb 61. Pottwal *Physeter macrocephalus*, Van den Brink (1957: Taf. 24)

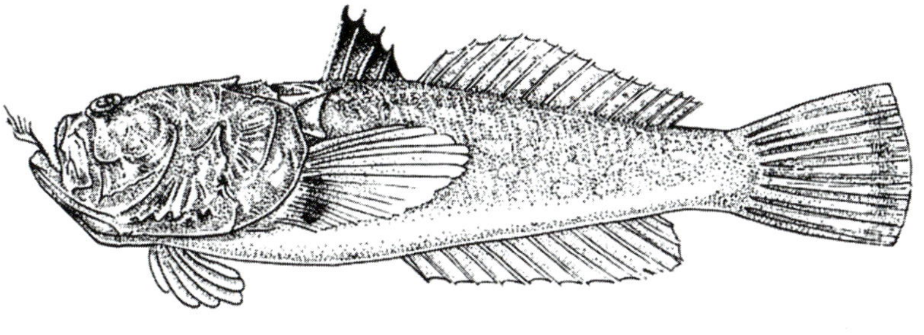

Abb 62. Himmelsgucker *Uranoscopus scaber*, Riedl (1983: Taf. 269)

Abb. 63. Giraffe **V21**

Abb. 64. Giraffe, Villa Pamfili, Rom, Keller I (1909: 284)

Abb. 65. Giraffe zum Vergleich, Grab des Rechmire, Theben 100, Eggebrecht (1984: 225)

Abb. 66. Myrmex (Gepard), von Hausschlange abgewehrt **V22**

Abb. 67. Gepard
Actinonyx jubatus,
Kingdon (1997: 286)

Abb. 68. Marmorierter Stechrochen **V23**

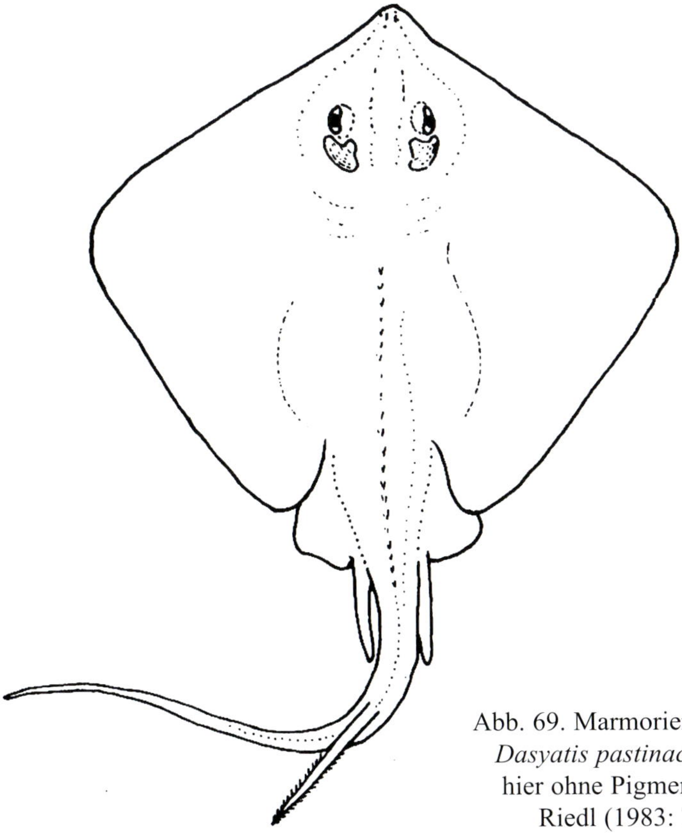

Abb. 69. Marmorierter Stechrochen *Dasyatis pastinaca marmorata*, hier ohne Pigment gezeichnet, Riedl (1983: Tafel 249)

Abb. 70. Wasserbock **V24**

Abb. 71. Wasserbock ♂ *Kobus ellipsiprymnus*,
Murchison National Park Uganda 2009, Foto R. Kinzelbach

Abb. 72. Leopard und Königskobra **V25**

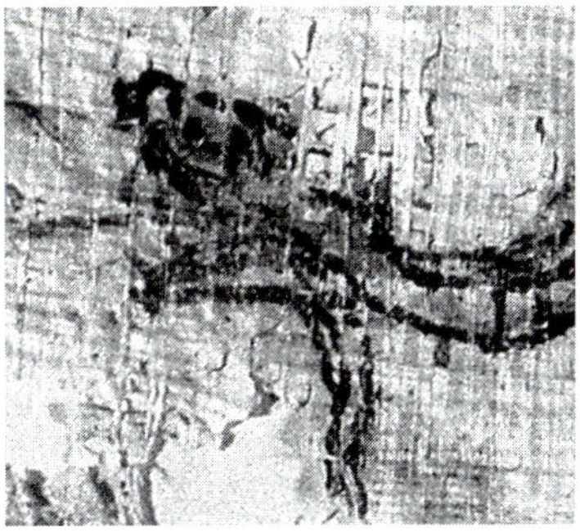

Abb. 74. Kopf der Königskobra **V25**

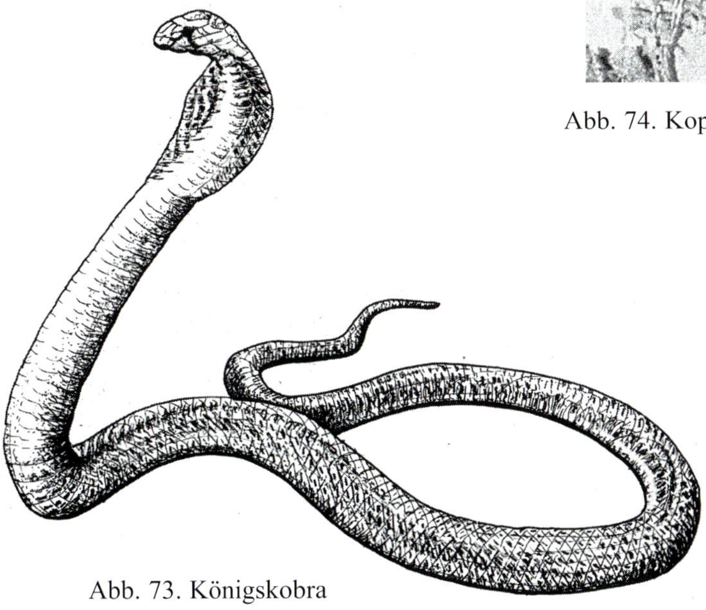

Abb. 73. Königskobra
Ophiophagus hannah,
Orig. B. Kinzelbach

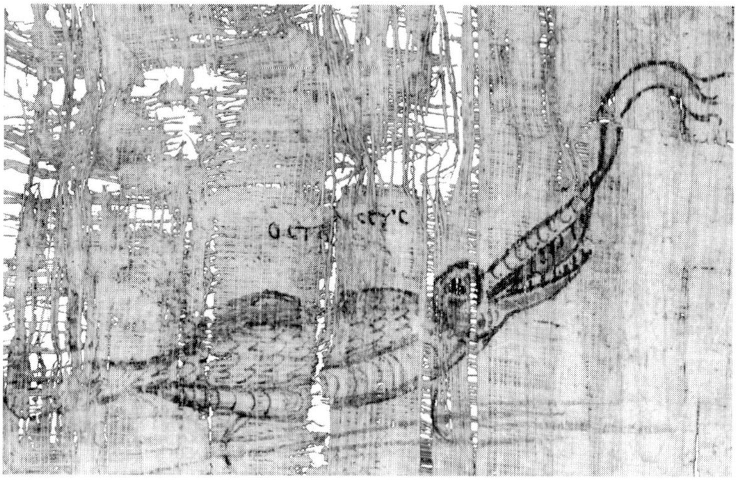

Abb. 75. Großer Fangschreckenkrebs **V26**

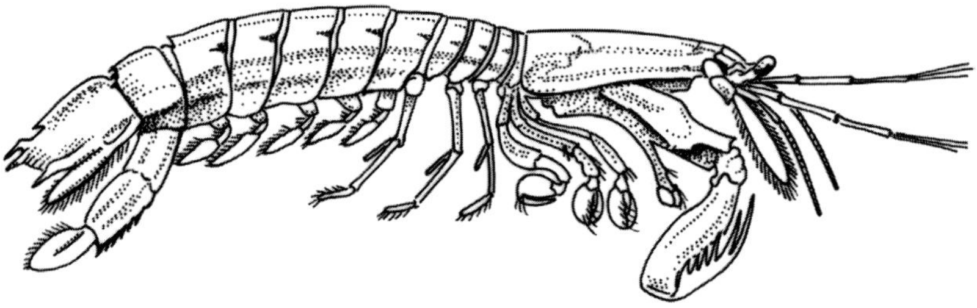

Abb. 76. Großer Fangschreckenkrebs *Squilla mantis*, Lateralansicht, Original B. Kinzelbach

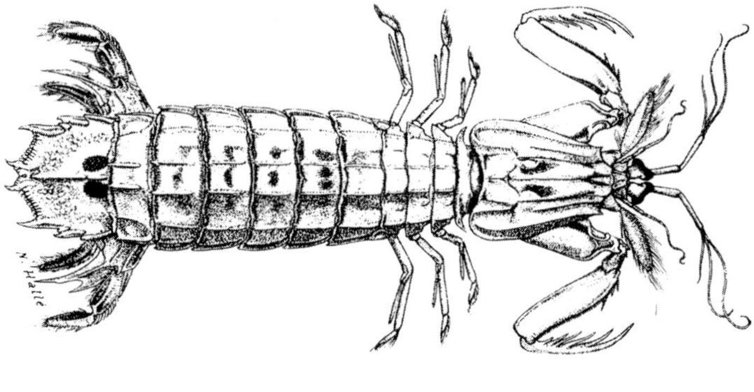

Abb. 77. Großer Fangschreckenkrebs *Squilla mantis*, Dorsalansicht, Riedl (1983: Taf. 167), ergänzt

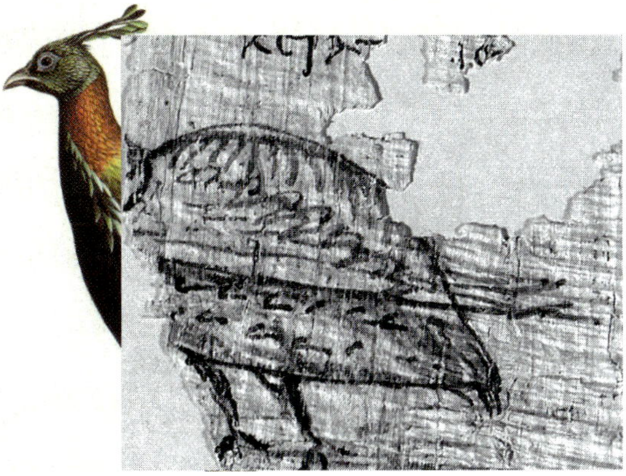

Abb 78. Himalayamonal *Lophophorus impejanus* **V27** ergänzt,
Del Hoyo et al. II (1994)

Abb 79. Kandidaten für "keratinos": Himalayamonal, Satyrtragopan, Perlhuhn,
Del Hoyo et al. II (1994)

Abb. 80 Flamingo **V32**

Abb. 81. Flamingos,
Brehm, Vögel I (1911: 198)

Abb. 82. Flamingogespann, im Rennen gegen andere Tiere des Dionysos/Bacchus:
Ringeltaube, Purpurhuhn, Pfau,
Piazza Armerina. Capizzi & Galati (o. J.: 77)

Abb. 83. Hyänenhund **V29**

Abb. 84. Hyänenhund *Lycaon pictus*, Kingdon (1997: 226)

Abb. 85. Tiger **V31**

Abb. 86. Tiger (mit „Anhängen")
Panthera tigris zum Vergleich,
Piazza Armerina,
Capizzi & Galati (o. J.: 75)

Abb. 87. Purpurhuhn **V32**

Abb. 88. Purpurhuhn
Porphyrio porphyrio
zum Vergleich, Pompeji

Abb. 89. Purpurhuhn
Porphyrio porphyrio,
ostmediterran,
„Rebhuhn oder Perlhuhn“,
Kozloff et al. (1983)

Abb. 90. Vierhornantilope **V35**

Abb. 91. Vierhornantilope *Tetracerus quadricornis*, Haeckel (1899)

Abb. 92. Ganges-Weichschildkröte **V36**

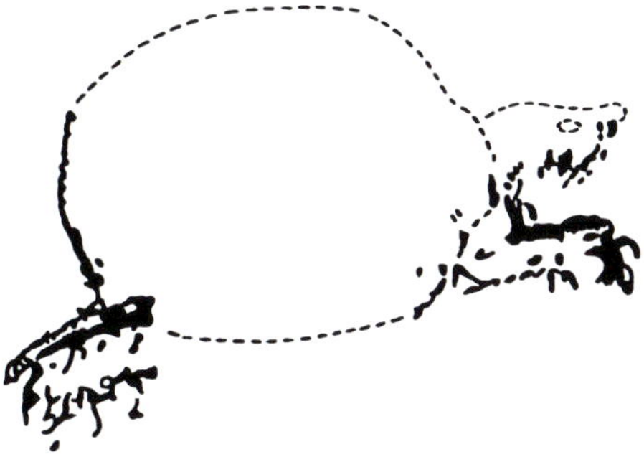

Abb. 93. Gangesschildkröte *Trionyx gangetica* **V36** ergänzt

Abb. 94. Gangesschildkröte **V36**,
Vorderpfote

Abb. 95. Gangesschildkröte *Trinonyx gangetica*,
Ernst, Altenburg & Barbour,
Turtles of the world, ETI World Biodiversity Database

Abb. 96. Zum Vergleich Nil-Weichschildkröte
Trionyx nilotica
vom Punt-Relief der Hatschepsut und *in vivo*,
Boessneck (1988: Abb. 184, 185)

Abb. 97. Graureiher Ardea cinerea **V37**,
Vergleich mit der Darstellung im Grab der Nefertari,
seitenverkehrt

Abb. 98. Mähnenschaf
Ammotragus lervia,
von Karakal *Caracal caracal*
angegriffen **V38**

Abb. 99. Mähnenschaf
Ammotragus lervia,
Kingdon (1997: 444)

Abb. 100. Karakal
Caracal caracal,
Kingdon (1997: 280)

Abb. 101. Mönchsrobbe **V39**

Abb. 102. Mönchsrobbe *Monachus monachus*, Riedl (1983: Tafel 297)

Abb. 103. Finnwal **V40**

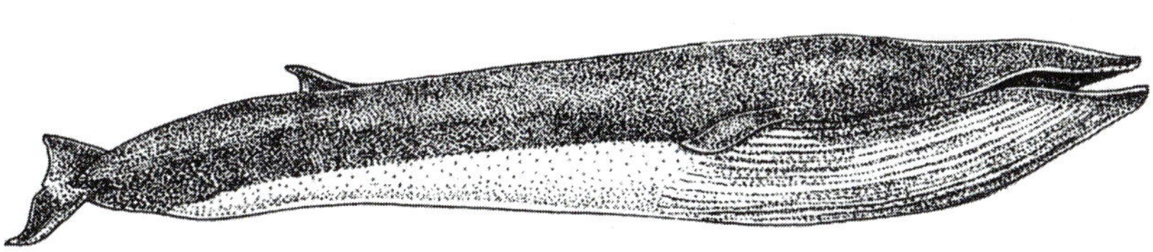

Abb. 104. Finnwal *Balaenoptera physalus*, Riedl (1983: Tafel 298)

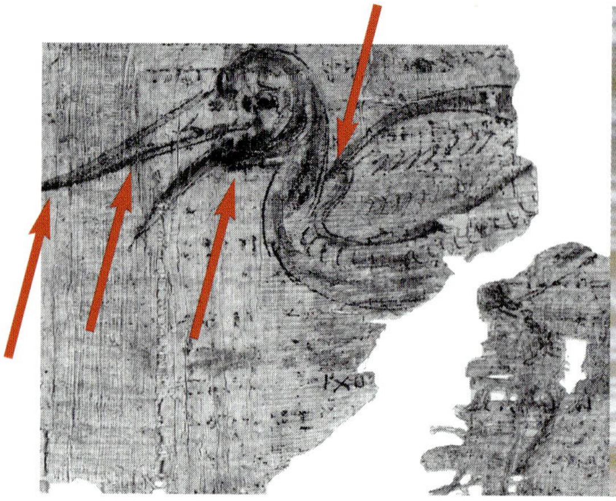

Abb. 105. Marabu
Leptoptilus crumeniferus **V41**,
Merkmale: Schnabelspitze, Schnabelspalt,
Kehllappen, Nackenblase, Beinlänge (?)

Abb. 106. Marabu, Detail,
stark entwickelte Nackenblase,
Entebbe, Uganda,
Foto R. Kinzelbach 2009

Abb. 107. Marabu
Leptoptilus crumeniferus,
Kampala, Uganda,
Foto R. Kinzelbach 2009

Abb. 108. Marabu,
Beleg für das prähistorische
Oberägypten,
Vandier (1952: 545 Fig. 365)

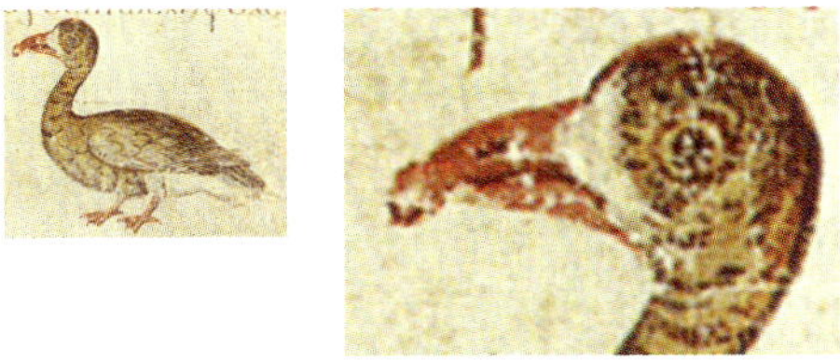

Anser albifrons

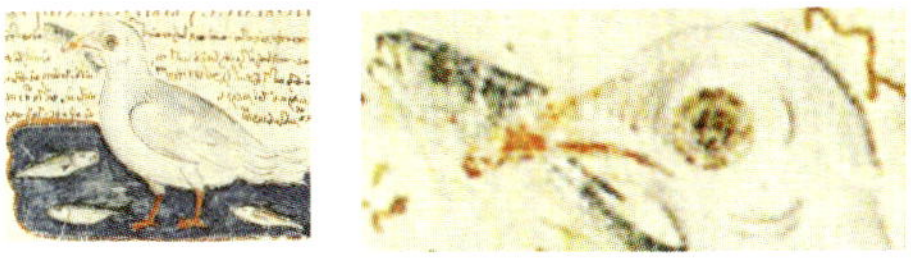

Larus michahellis

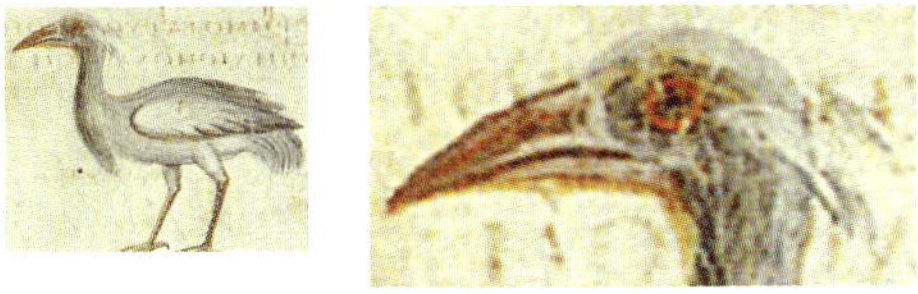

Grus virgo

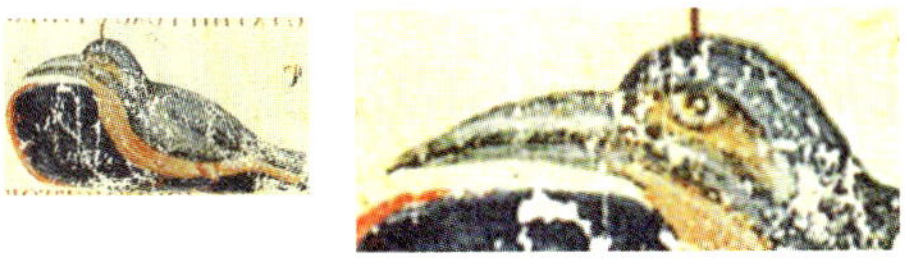

Alcedo atthis

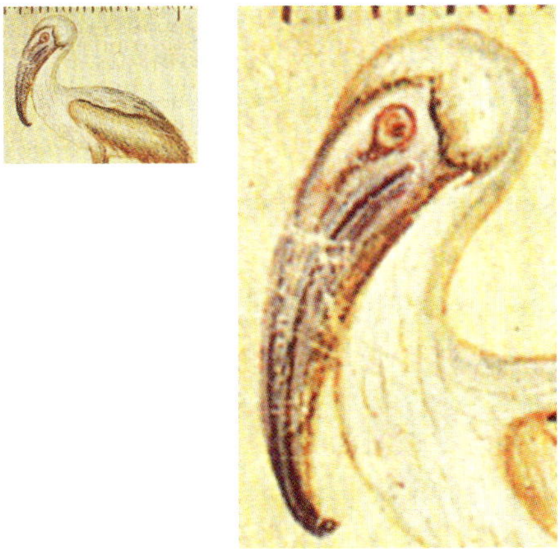

Pelecanus onocrotalus

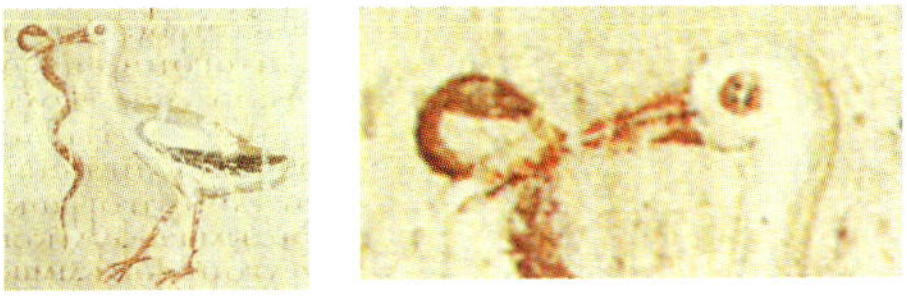

Ciconia ciconia

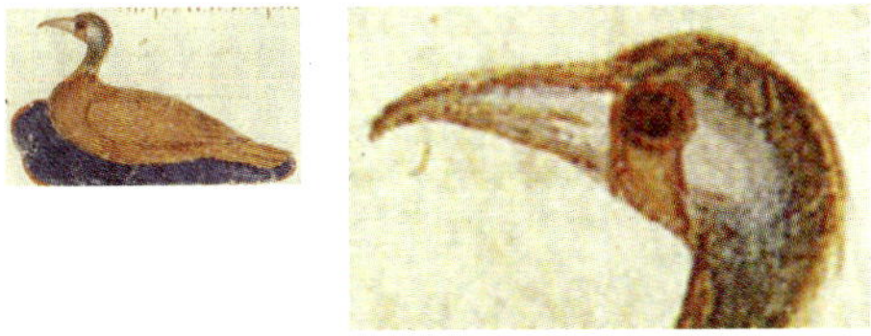

Phalacrocorax carbo

Abb. 109. Manierismus „Krummschnabel“ im Wiener Dioskurides (1970)

Abb. 110. Manierismus krummer Schnabel, Kranich *Grus grus*, fehlgedeutet als Stelzenläufer, Museum Sfax, Martin & Fradier (1994: 90)

Abb. 111. Manierismus Bart, Kanadischer Elch mit Bommel. Fec. D. Opalka, Fuhlendorf, Foto R. Kinzelbach

Abb. 112. Manierismus Bart. Tut-ench-Amun, Postkarte, Ägyptisches Museum Kairo

Abb. 113. Pfauen mit „Mumienbart“, Stoff in koptisch-ägyptischer Tradition. Domschatz Aachen

Helmkasuar **V07**

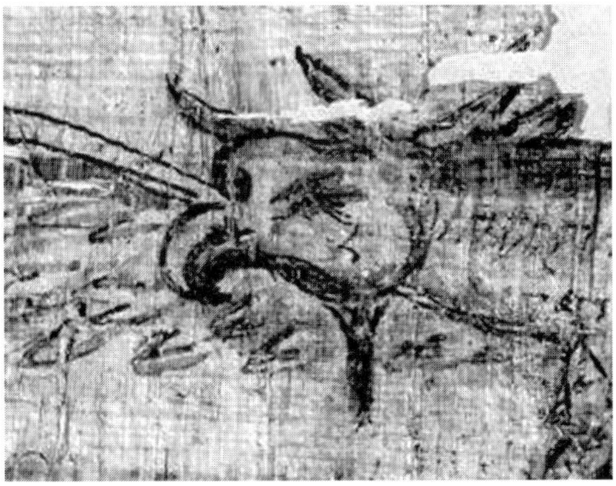

Greif / Bartgeier **V19a**

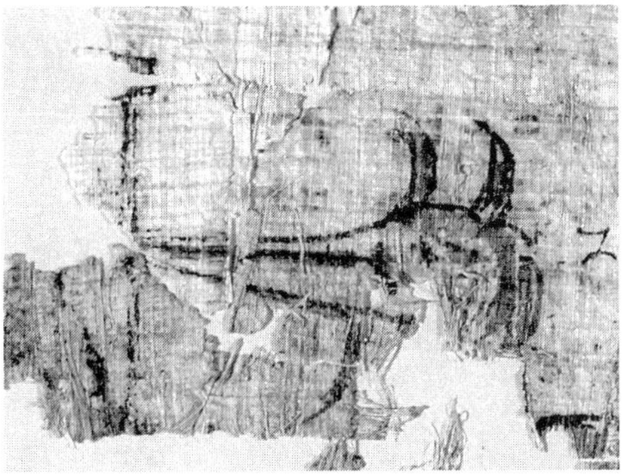

Hammerhai **V18**

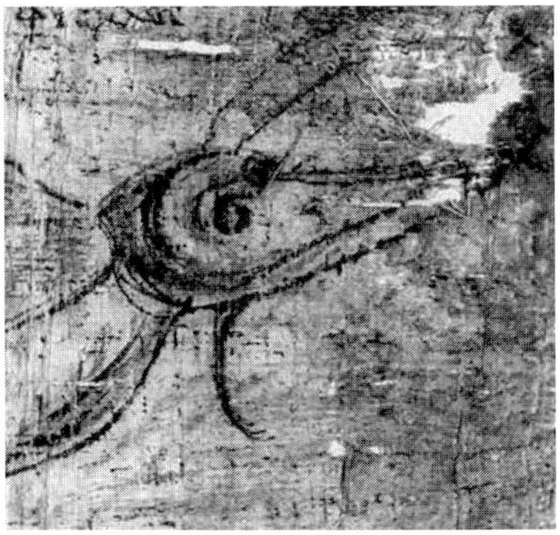

Finnwal **V40**

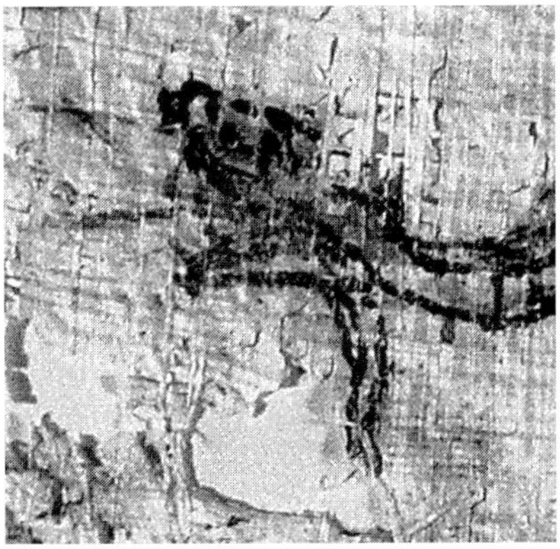

Hausschlange **V22b**

Abb. 114. Manierismus „Mumienbart“

Abb. 115. Anordnung der Tiere **V09–V17** auf dem Verso des Artemidor-Papyrus